Limpiar, Nutrir, Reparar

Limpiar, Nutrir, Reparar

Adiós a las enfermedades, en tres pasos naturales

Dr. Silverio J. Salinas

MINISTERIO SANADORES DEL REINO
Dr. Silverio J. Salinas Benavides.
Médico, cirujano y partero U.A.N.L. Ced.Prof. 1460562.
Jacobo Villanueva 71, Fracc. Rinconada del Valle Col. Torremolinos, Morelia,
Mich. México. CP. 58190
Tel. (52)(443)326-2577

El texto Bíblico ha sido tomado de la versión Reina-Valera © 1960 Sociedades
Bíblicas en América Latina; © renovado 1988 Sociedades Bíblicas Unidas.
Utilizado con permiso.

Número de Control de la Biblioteca del Congreso de EE. UU.:   2013914953
ISBN: Tapa Dura   978-1-4633-6451-9
                   Tapa Blanda   978-1-4633-6450-2
                   Libro Electrónico   978-1-4633-6449-6

Para realizar pedidos de este libro, contacte con:
Palibrio LLC
1663 Liberty Drive, Suite 200
Bloomington, IN 47403
Gratis desde EE. UU. al 877.407.5847
Gratis desde México al 01.800.288.2243
Gratis desde España al 900.866.949
Desde otro país al +1.812.671.9757
Fax: 01.812.355.1576
ventas@palibrio.com
490333

ÍNDICE

TERCER PASO: REPARAR

DEDICATORIA

A mi esposa: Ana Claudia Ortega Saldaña

A mis hijos:

David, Javier, Alejandra, Diana e Ivanna.

A quienes amo con todo mi ser y son la inspiración y el motor de mi actividad diaria.

ADVERTENCIA

En este manual no encontraras "curas milagrosas".

Pero puedes considerar "un milagro" el haber encontrado esta información valiosa para tu salud.

No encontraras un producto natural "que lo cure todo", una panacea. Pero si hallarás un método natural que sirve para recobrar la salud de "casi todas" las enfermedades, con las limitaciones de cada caso en particular.

Lo que si encontrarás es un valiosísimo y extraordinario *método de autoayuda*.

Un método que se basa en la educación, en el combate a la ignorancia.

Un conocimiento práctico, producto de la experiencia de 25 años del autor.

El autor te enseña la posible causa de la mayor parte de las enfermedades.

Te enseña su método para decirle adiós a las enfermedades en tres pasos naturales: limpiar, nutrir y reparar.

Te enseña a que actúes como un adulto y tomes la responsabilidad de tu salud en tus manos.

Te enseña como restaurar tu salud y bienestar desde la comodidad de tu hogar y a un costo muy inferior al que puedas imaginar.

El autor basa su metodología en el principio hipocrático que dice: *"deja que tu alimento sea tu medicina y que tu medicina sea tu alimento".*

El autor está consiente que este manual no es para todo el mundo. Es solo para aquellos que tengan el *deseo y la voluntad ferviente de aprender a restaurar su salud* por sí mismos.

Es para aquellos que están dispuestos a ***hacerse responsables de su propia salud,*** para hacer cambios radicales de sus malos hábitos alimenticios por otros mejores eliminando, de esta forma, la posible causa de *casi todas las enfermedades.*

Este manual es para ti que ***estás cansado de estar tomando medicamento "de por vida",*** que estás gastado y cuentas con pocos recursos económicos. Es para ti que quieres restaurar tu salud en forma natural *porque **si tú quieres, tú puedes.***

La manera en que respiras,
te alimentas,
te mueves,
piensas
y sientes,
es lo que determina la salud
y el bienestar de todo tu ser.

**ES LO QUE COMES
Y LO QUE INGRESA A TU CUERPO FÍSICO,
LO QUE ENFERMA O SANA
TU CUERPO FÍSICO.**

Atentamente: Dr. Silverio J. Salinas Benavides
                                                        El autor

INSTRUCCIONES PARA EL USO DE ESTE LIBRO

Recuerda que este es un manual práctico. Está diseñado para que lo utilices según tus necesidades. No tienes que leerlo todo para sacarle provecho. Lo único que necesitas hacer para beneficiarte de este manual es *seguir instrucciones*. Solo hay un modo en el que este manual no te puede ayudar a restaurar tu bienestar y es que *no sigas las instrucciones, te garantizo que así no pasará nada*. Si sigues las instrucciones de este libro te aseguro que encontrarás más de un beneficio que te lleve a restaurar tu bienestar.

Si estás enfermo y quieres regenerar tu bienestar y salud debes hacer cosas diferentes a las que estás haciendo actualmente. Es totalmente ilógico (y hasta un tanto absurdo) pretender que cambie tu situación respecto a tu salud si tú no haces un cambio con respecto a tus malos hábitos alimenticios.

Recomendaciones generales para aprovechar mejor y más rápido este manual:

1. Si tienes prisa inicia con el capítulo 21 que corresponde a consejos útiles para cada problema de salud. Sigue instrucciones.

2. Aún si tu problema de salud no está en ese capítulo o en la lista de este libro, inicia con aprender el

Plan Alimenticio Naturista General (Capítulo 17, Herramienta No. 1). Haz una copia de la lista negra y la blanca y pégala en tu refrigerador.

3. Puedes cambiar gradualmente tu dieta *de carnívora a pescadívora y ovípara con vegetales* crudos, cocidos, semillas, cereales y leguminosas; realizando los menús de transición para dejar las carnes de res y de pollo. Menús 1 y 2 (Cap. 17, Herramientas 4 y 5)

4. Ayúdate a limpiar tu cuerpo de desechos, a reducir de peso y talla y a nutrirlo correctamente con el Plan Desintoxicante y Reductivo de 7 días. Menú 3.

5. Ayúdate con el uso de plantas medicinales de acuerdo a tu problema de salud y a las recomendaciones que corresponden a tu problema. (Cap. 18)

6. Ayúdate a comer mejor con la lista de recetas de cocina saludable. (Cap. 22)

7. Ayúdate a restaurar tu salud implementando un programa de ejercicios (Cap. 21)

8. Ayúdate a combatir toda clase de infecciones que cursen con fiebres, catarros, vómitos, diarreas, gripas, virus de la influenza, etc. Haciendo la "Cura de limón de un día". (Cap. 17, Herramienta No. 3).

INTRODUCCIÓN

Este libro es un manual práctico y está dirigido a la comunidad hispana, principalmente, y a las personas del mundo en general, de todas las razas y todas las culturas, para quienes se encuentren agobiados por un sin número de enfermedades crónicas y degenerativas, cansados de acudir al médico para obtener solo calmantes, medicamentos de "por vida" que no solo no curan las enfermedades sino que además agregan nocivos efectos colaterales.

Además, actualmente la gente está preocupada por el desempleo y la falta de dinero para pagar sus servicios médicos por la crisis económica generalizada. El presente libro está dirigido a ti que padeces sobrepeso, diabetes, obesidad, gastritis, colitis, alta presión, enfermedades del corazón, a tu hijo o hija que sufre de asma, sinusitis, alergias crónicas, amigdalitis crónica, déficit de atención, síndrome del niño corajudo o hiperactivo y cualquier otra enfermedad crónico degenerativa para que *al menor costo posible* y, *en el menor tiempo posible*, hasta donde la naturaleza de tus males y tu cuerpo lo permitan, restaures y *recuperes tu salud y bienestar* en forma natural, sencilla y además muy económica.

Aunque este libro no está dirigido especialmente para personas con cáncer ellos se podrían beneficiar si siguen los pasos de limpiar, nutrir y reparar descritos en este manual.

Si estás enfermo de cualquier enfermedad y te encuentras *cansado de tomar medicamento "de por vida" y no sanar*, de ir al doctor continuamente y no ver mejorías en tu salud, de caer por complicaciones a los hospitales y no curarte.

Si los profesionales de la medicina te han dicho "esto no se cura, aprenda a vivir con el dolor" "aprenda a vivir con su enfermedad de por vida" y muy en el fondo de tu espíritu tú te niegas a aceptarlo, te niegas a creerlo y la intuición te dice que "algo anda mal con la medicina", "esto no puede ser así", "debe de existir alguna solución", entonces este libro es para ti.

El enfoque principal de este manual educativo es el que tu conozcas la o las posibles causas de tus problemas de salud, como eliminarlas y como restaurar tu bienestar. Según mi experiencia la *causa primaria del ¿por qué estás enfermo?* la puedo resumir en una sola palabra:

IGNORANCIA

Ignorancia es la falta de conocimiento. *""Mi pueblo fue destruido, porque le faltó conocimiento." (Oseas 4.6)*.

Yo diría que mi pueblo primero PADECE y luego PERECE por ignorancia. Ignoran como llevar una vida saludable. Ignoran cuales son las causas reales, verdaderas, de las enfermedades. Porque si tú supieras desde niño qué cosas te causan o causarán problemas de salud en el futuro ¿acaso no las evitarías? Si hubieras sabido desde niño que la leche de vaca te podría causar en la edad adulta artritis, colesterol, alta presión, obesidad, alergias respiratorias o asma, envejecimiento prematuro ¿la hubieras tomado de todos modos? *"El conocimiento es poder"* y este libro te brinda el conocimiento que necesitas para *poder* restaurar tu salud y tu bienestar a un bajo costo.

"y conoceréis la verdad y la verdad os hará libres"
(Juan 8.32).

Amable lector, permíteme explicarte en el siguiente recuadro el **concepto médico naturista etiopático** que, aplicado diligentemente y con disciplina en tu vida, podría ayudarte a sanar de casi cualquier enfermedad aguda o crónica. Lo llamo **etiopático** porque ataca directamente la causa de los problemas de salud (del latín: ethios = causa y *pathos* = enfermedad).

Limpiar, Nutrir, Reparar
CONCEPTO: MEDICINA NATURISTA *ETIOPÁTICA*

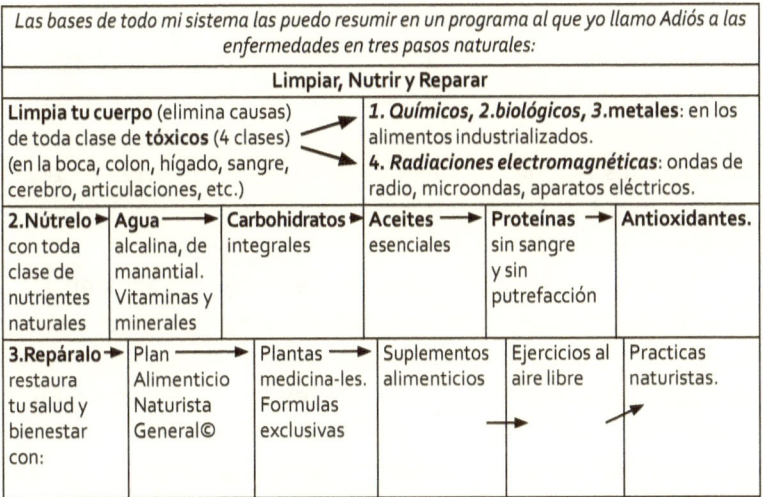

Las bases de todo mi sistema las puedo resumir en un programa al que yo llamo Adiós a las enfermedades en tres pasos naturales:						
Limpiar, Nutrir y Reparar						
Limpia tu cuerpo (elimina causas) de toda clase de **tóxicos** (4 clases) (en la boca, colon, hígado, sangre, cerebro, articulaciones, etc.)			*1. Químicos, 2.biológicos, 3.metales*: en los alimentos industrializados. *4. Radiaciones electromagnéticas*: ondas de radio, microondas, aparatos eléctricos.			
2.Nútrelo ► con toda clase de nutrientes naturales	**Agua** ➤ alcalina, de manantial. Vitaminas y minerales	**Carbohidratos** ► integrales	**Aceites** ➤ esenciales	**Proteínas** ➤ sin sangre y sin putrefacción	**Antioxidantes.**	
3.Repáralo ➤ restaura tu salud y bienestar con:	**Plan** ➤ Alimenticio Naturista General©	**Plantas** ➤ medicina-les. Formulas exclusivas	Suplementos alimenticios	Ejercicios al aire libre	Practicas naturistas.	

En tus manos tienes el resultado de mis 25 años de experiencia e investigación en el campo de las medicinas naturales y alternativas. Más de 50 mil consultas en todo el continente americano, la mayoría de ellas en México mi país natal y, en los EUA mi país adoptivo, me han enseñado que si tú estás enfermo vas al profesional de la salud, sigues sus instrucciones y no te sanas es porque la medicina regular, alópata, ortodoxa u oficial *sólo ataca los síntomas del problema* y no toma en cuenta las verdaderas *causas* de las enfermedades. La medicina regular no está diseñada para curar y sí para controlar las enfermedades crónicas y degenerativas.

Su industria es la industria de la enfermedad es decir, tratan las ramas y el fruto del árbol pero no van a la raíz de la enfermedad. En cambio es heroica al salvar vidas en centros hospitalarios cuando se trata de emergencias médicas que requieran de intervenciones quirúrgicas como una apendicitis y otras urgencias. En este libro te enseño a conocer la raíz de casi todas tus enfermedades, a extirparla de tu vida y primero Dios Padre a restaurar tu salud en forma natural y sin tener que hacer grandes inversiones.

La industria en la que pertenecemos todos los que buscamos resolver problemas de salud y no sólo controlarlos es la industria del bienestar (Wellness industry en inglés).

Mi método para ayudar a sanar casi cualquier enfermedad está basado en la eliminación de las causas primarias y secundarias del problema, la Nutrición Naturista, el uso de suplementos herbales y además de técnicas no invasivas para aliviar el dolor, como la Aurículo Analgesia y otras técnicas bioenergéticas o biomagnéticas.

Te recomiendo que cambies tus malos hábitos alimenticios, que dejes de comer o de usar los 44 alimentos y sustancias que, personalmente, considero nocivos a tu salud y están descritos en la Lista Negra de alimentos que enferman del Plan Alimenticio Naturista General© (Cap. 17, Herramienta No. 1) y, en cambio, empieces a comer todo lo relacionado a la Lista Blanca de alimentos que sanan para que de ahora en adelante acostumbres tener buenos hábitos alimenticios que, junto con el uso de plantas medicinales, promuevan un cambio en tu vida brindándote salud y bienestar.

Te invito a probar mi método por 90 días. Si lo haces, obtendrás resultados como disminución importante de los niveles de glucosa si eres diabético, mejoría notoria en tus niveles de energía, concentración y memoria, desinflamación importante de articulaciones, disminución de peso si estas con sobrepeso, limpieza del colon, regularidad en las evacuaciones, sueño más profundo y reparador, tendencia a normalizar tu presión arterial, alivio de los dolores tanto de cabeza como corporales y mucho más. Nada tienes que perder si te sometes a los consejos de este libro y si tienes mucho que ganar en salud, bienestar, alegría y gozo por vivir.

¿No tienes dinero para gastos médicos y en verdad quieres restaurar tu salud? Entonces sigue las instrucciones de este libro y observa los resultados. ¡Seguro te sorprenderán!

Dr. Silverio J. Salinas

Nota especial para escépticos:
No tienes que esperar 90 días para saber si este método te brindaría algún resultado, solo prueba mi "Plan Alimenticio Desintoxicante y Reductivo de 7 días©" con su menú para una semana (Cap. 17, Herramientas 6 y 7) y analiza los resultados en tu persona. Estos serán una mínima parte de los efectos que te esperan si sigues mi régimen por 90 días.

CAPÍTULO 1

Tu salud y la crisis

A. Crisis ¿cuál crisis? Financiera, de valores y de salud.

La crisis financiera:

En el momento en el que inicié la escritura de este libro (abril del 2009) en todo el mundo, el planeta entero, no solo México o los Estados Unidos, se está sintiendo, hablando y padeciendo de una *crisis financiera*. La crisis hipotecaria de los EUA, iniciada a finales del 2007 y agudizada durante todo el 2008, provocó una inestabilidad en los mercados bursátiles con la consecuente caída de la Bolsa de Valores en ese país y, en cadena, en todo el mundo. Lo que pasó fue que los bancos americanos, confiados por la sobreabundancia del capital monetario, prestaron dinero para comprar casas a personas que no demostraban capacidad financiera suficiente para responder por esos préstamos, era muy fácil adquirir una casa nueva. Luego, muchas de estas personas no pudieron pagar sus créditos y el banco se vio obligado a recoger sus casas, subastarlas o rematarlas para recuperar su dinero. Esto es normal en cualquier mundo financiero: lo que desencadenó la crisis fue la enorme cantidad de pérdida de créditos que provoco una pérdida sustancial de finanzas de los bancos, algunos de los más importantes se declararon en banca rota, cerraron. Después los demás bancos pusieron "sus barbas a remojar" y no prestaban a nadie, aunque enseñara buen crédito. De esta forma iniciaron a escasear los créditos, el dinero. Las empresas que necesitaban de esos créditos se vieron frente a la cruda realidad de no tener solvencia para operar y, así, muchas empresas empezaron a cerrar. Con el cierre el nivel de desempleo en los EUA fue aumentando al punto que hasta diciembre del 2012 existen cerca de 8.4 millones de personas desempleadas. Curiosamente también existen 6 millones de personas perdiendo o en peligro de perder sus casas. Sin empleos no hay dinero, sin dinero no hay pagos y la crisis sigue agudizándose.

El socio comercial más importante de México son los Estados Unidos. Si los americanos perdieron empleos no hay dinero para comprar y los volúmenes de exportaciones de México a los EUA bajaron considerablemente. Agregue a esto que los paisanos, mexicanos radicados en los EUA, acostumbrados a enviar divisas americanas a México para sus familias, perdieron sus empleos y no solo dejaron de enviar dinero sino que, también, se vieron obligados a retornar al país de origen. Por lo anterior y por muchos otros factores que no vamos a tocar por no ser de nuestra competencia, se ha vivido una crisis financiera aguda en México y, obviamente, en todos nuestros países latinoamericanos, ya que EUA es el principal consumidor del mundo y "si en los EUA les da gripa a México le da pulmonía", según versa un dicho muy popular.

El presidente de los EUA ha tomado las riendas de ese país y sus medidas financieras para corregir la crisis parecen ser bienvenidas y, por lo visto, correctivas; aunque va a pasar tiempo para levantar de nuevo el barco, ya que EUA enfrenta la peor crisis económica desde el año de 1930.

El presidente de México también ha hecho lo concerniente y su plan anti-crisis ya está dando algunos resultados positivos. A diferencia de EUA, los de origen mexicano ya tenemos "callo" (experiencia) en esto de enfrentar crisis financieras, puesto que en las décadas de los 70's, 80's y 90's vivir una crisis financiera cada final y principio de sexenio era de lo más normal, es más, creo que ya extrañábamos la palabra crisis. La diferencia es que ahora la crisis fue provocada desde afuera de nuestro país.

Una palabra de consuelo: *todas las crisis son cíclicas,* este ciclo es para aprender a cuidar mejor el trabajo y el dinero, para no malgastarlo. Aprendemos, corregimos el rumbo y seguiremos adelante. *Las crisis son oportunidades.* Esta es la oportunidad de que aprendas a cuidar tu salud sin tener que hacer grandes inversiones. Este manual te ofrece el conocimiento que necesitas para que trates de liberarte de *casi* cualquier enfermedad.

La crisis de valores:

Los valores que están en crisis en mi país de origen, México, más allá de los valores financieros son los **valores humanos**. Basta con ver y escuchar las noticias diariamente en México para entender que vivimos un estado de narco violencia y que muchos valores humanos se han perdido, al menos en ese sector de la población.

Cuando se secuestra a una persona y a su vida se le pone precio en pesos y centavos, entonces se ha perdido el verdadero valor de la vida que realmente es invaluable. Cuando se mata inmisericordemente a niños, adolescentes y ancianos con o sin motivo, creo, se han perdido algo más que los valores humanos de la bondad, la moral, la ética y casi puedo asegurar que se ha perdido la razón (en el sentido psiquiátrico de la palabra). La maldad y la perversidad invaden las entrañas de este país como un cáncer. El remedio no es solamente extirpar el tumor quirúrgicamente, hay que atacar el mal de raíz.

La raíz de todos estos males es la ignorancia (falta de educación) y, agréguele, su consecuencia más inmediata: la pobreza. Mi conclusión es que para combatir la violencia en México, hay que combatir la ignorancia y la pobreza como raíces principales del problema y la corrupción como raíz secundaria.

Crisis en la salud.

La ciencia médica está en crisis. Mientras todo el mundo habla de crisis económica y financiera poca gente ha notado que vivimos una crisis de salud. Será, quizás, porque esta crisis de salud no ha llegado a su punto culminante, a su agudización. Es posible que la crisis en la salud de la que yo hablo sea una crisis crónica y la gente ya esta tan acostumbrada a ella que no la ha notado.

En los EUA le llaman "health care crisis" o crisis del cuidado de la salud. Pero este es un término mal empleado, lo que ellos llaman "health care" más bien es un "sick care" (cuidado de la enfermedad) es decir, el sistema médico actual, moderno, ortodoxo, alopático aprobado por las leyes de casi todos los países occidentales que procura cuidar la enfermedad y no la salud. Atiende el control de la enfermedad, no la cura de la enfermedad y, he aquí el núcleo y origen de la crisis.

La médula de la crisis de salud está en que el sistema médico no está diseñado para curar al enfermo sino que está diseñado para controlar al enfermo. Aunque es heroico al salvar muchísimas vidas en los centros hospitalarios de emergencias y su cuidados intensivos, nuestro sistema médico no resuelve o cura problemas de salud crónicos como la diabetes, la artritis, la alta presión, el asma, las alergias, el cáncer, lupus, leucemia y muchos otros problemas como la gastritis, colitis, estreñimiento, varices, y qué decir de la obesidad y el sobrepeso. Para muestra, unos cuantos botones estadísticos:

En México:

> ➤ La primer causa de muerte es la diabetes y sus complicaciones (48 mil el año 2000, 80, 788 el año 2011) (1) (19).

➤ La segunda causa de muerte de los mexicanos son los infartos al corazón (19).

➤ México ocupa el primer lugar en el mundo en niños con sobrepeso u obesidad, seguido por EUA. (2)(22).

➤ En México, para el año 2000, se presentaron 250 mil casos nuevos por año de diabetes. (1)

➤ Datos más recientes hablan de 400 mil nuevos casos por año, aumentó cerca del doble en una sola década. (2)

➤ Actualmente existen cerca de 10 millones de diabéticos, casi el 10% de la población. (2)(23). México tiene cerca de 110 millones de habitantes.

➤ La primera causa de muerte en México es precisamente la diabetes y sus complicaciones. (2)(19)(22).

➤ México ocupa el 9º lugar en el mundo en número de diabéticos.

➤ Dos de cada tres mexicanos tienen sobrepeso u obesidad. (2)

➤ De 40 a 55 años es el promedio de la edad de los que mueren por diabetes. (2)

➤ A los contribuyentes mexicanos les cuesta 320 millones de dólares la atención a la diabetes en los centros de salud pública.(2)

➤ 25% del presupuesto operativo del Seguro Social se gasta en atender a pacientes con Insuficiencia Renal Crónica; la mitad de ellos son personas diabéticas.(2)

En los Estados Unidos:

> ➢ La primera causa de muerte son las enfermedades cardiovasculares. (3)

> ➢ La segunda causa de muerte es el cáncer. (3)

> ➢ Tenían el primer lugar en el mundo en sobrepeso y obesidad, seguidos por México. Recientemente, México ha desplazado a los EUA, ahora ocupa el primer lugar.

> ➢ Se calculan aproximadamente 20.8 millones de diabéticos en el 2005. De ellos 2.5 millones eran hispanos o latinoamericanos.

> ➢ Los mexicanos y puertorriqueños tienen casi el doble más de probabilidades de tener diabetes que los blancos.

> ➢ Mueren hasta 200 mil personas por año de diabetes.

> ➢ Cuesta 90 millones de dólares por año solamente atender la diabetes. Se pierden 40 millones más por incapacidad y costos indirectos.

> ➢ Se calcula que existen 54 millones de pre-diabéticos.

EUA tiene poco más de 300 millones de habitantes.

> ➢ En el 2005 se diagnosticaron 1.5 millones de casos nuevos de diabetes en personas de 20 años o más.(4)

Mucho se alardea de *los avances en medicina moderna*. Se dice que ha avanzado tanto que el promedio de vida, que en los años de 1910 a 1930 era de 30 a 40 años, se ha duplicado de 65 a 75 años en la actualidad. La realidad es que los avances que han permitido esta extensión del promedio de vida poco tienen que ver con los medicamentos de patente y drogas, más bien tienen que ver con avances en Medicina Preventiva y Salud Pública.

Salud Pública. El mejor invento del hombre de tiempos modernos es el toilette (*la taza de baño*) y el sistema de drenaje. Gracias a este invento se acabaron las epidemias de cólera, diarreas y otras más que arrasaban con la humanidad en tiempos pasados. Otro invento de Salud Publica que le acompaña a la taza del baño es *el drenaje*. La disposición de las excretas y su eliminación para evitar su contacto a través del drenaje han sido cruciales en el avance del promedio de vida de la gente. Agrega a esto la Educación Preventiva de la Salud con *campañas de Higiene* (lavarse las manos antes de comer y después de ir al baño).

Otro factor determinante que aumento el promedio de vida de la gente es el invento del Dr. Pasteur, *las vacunas*. Con campañas de vacunación regional, por país y hasta mundiales se han erradicado y/o controlado enfermedades como la polio, la viruela y otras tantas que eran incapacitantes y hasta mortales como la tuberculosis. Muchas de estas enfermedades fueron la causa de gran mortandad infantil. De hecho, todavía se mide el desarrollo de un país por la cantidad de niños que mueren por año. A mayor mortandad infantil más subdesarrollado el país. Observa países del África donde la mortalidad infantil es todavía muy elevada.

El otro invento que extendió el promedio de vida de la gente sí es una droga de patente y tiene que ver con la penicilina y todos sus derivados de la era de *los antibióticos*. El invento de drogas que controlan la presión arterial y adelgazan la sangre también ha extendido el promedio de vida. Esto hace que personas hipertensas vivan una vida de enfermos pero bajo control. Es el control de la enfermedad no el control de la salud como lo mencione antes.

Como dato curioso nuestros antepasados indígenas prehispánicos, los aztecas, ya usaban la penicilina para curar heridas infectadas. Colocaban unas tortillas de maíz a serenar por la noche al aire libre, esperaban a que se llenaran de una capa blanquecina de hongo (*Penicillium notatum*) a la que mis abuelos le denominaban "algodoncillo" y luego usaban esa masa sobre las ulceras o llagas de la piel recibiendo el beneficio de la penicilina producida por el hongo.

Resumiendo: los avances de la ciencia médica son excelentes para hacer diagnósticos con aparatos modernos, son heroicos al salvar muchas vidas en los cuartos de emergencias, salas quirúrgicas y cuidados intensivos. Sin embargo, el avance en la cantidad de años que vivimos actualmente se lo debemos principalmente a avances en Salud Pública como lo son:

1. El invento de la taza del baño y la red de drenaje.

2. Campañas permanentes de Higiene.

3. EL invento de las vacunas que acabó con enfermedades mortales desde la infancia, disminuyendo la mortalidad infantil.

4. EL invento de la penicilina y la era de antibióticos.

5. EL invento de drogas que controlan las enfermedades cardiovasculares.

Así como reconozco que la medicina ortodoxa que yo aprendí en la Facultad de Medicina es excelente para hacer diagnósticos y salvar vidas en salas de emergencias y cuidados intensivos (a mi padre biológico le salvó la vida unas cuantas veces), también debo reconocer humildemente que es un fracaso en el cuidado y la atención de enfermedades crónico degenerativas como la diabetes, la obesidad, alta presión, artritis, asma, alergias, cáncer, fibromialgia, y muchas más. *El fracaso consiste en pregonar que son enfermedades incurables que solo se controlan.* **Controlan mas no curan las** *enfermedades*. Así la gente vive más años, pero enferma, con alta presión, pero "controladas" con diabetes o artritis "controladas". ¿De qué sirve vivir tantos años pero enfermos y en "control"? ¿No sería mejor vivirlos sanos y a plenitud? ¿Cuánta gente está muriendo actualmente de diabetes en los EUA, cuántos en México y antes de los 55 años? ¿Cuántas personas están muriendo de cáncer? ¡Muchísimos!

¿Por qué la medicina alópata controla y no cura? La gente tiene la respuesta; simplemente se pregunta: ¿dónde está el negocio, en curar o controlar?

CAPÍTULO 2

La medicina moderna en crisis

Como médico con licencia para ejercer la medicina en México, ofrezco una reflexión respecto a la medicina ortodoxa en general y a la profesión médica en particular. No solo planteo el problema y me quejo amargamente, también ofrezco la solución en este libro y en un modelo médico más humano, más natural y mucho más efectivo.

Considero un insulto a mi inteligencia, a la inteligencia humana y a la inteligencia divina (la Mente de Dios) el aceptar que las enfermedades crónico-degenerativas son incurables. Con mis 25 años de experiencia, y con más de 50 mil consultas naturistas en mi haber, he comprobado lo contrario hasta la saciedad. A tal punto ha llegado mi experiencia y convicción de que la mayor parte de las enfermedades crónico degenerativas son reversibles mediante recursos naturales que, cuando una persona me pregunta si la diabetes, la alta presión, el cáncer, la obesidad, el asma, las alergias, la colitis o la artritis son curables yo les contesto:

"el problema no es si te puedo ayudar a resolver tu enfermedad, eso ya lo resolví hace muchos años, el problema es si te puedo ayudar a *cambiar tu mente para que cambies tus malos hábitos alimenticios* y elimines la causa de tu enfermedad y así tú puedas restaurar tu salud."

"cambiar la mente es más difícil que cambiar tus circunstancias porque *tus circunstancias han sido creadas por las creencias y mitos* sobre la alimentación que están muy arraigadas en tu mente".

Elimina la causa y el problema se resuelve, como dice el dicho popular *"Muerto el perro se acaba la rabia"*. Elimina de tu vida los alimentos que te están enfermando y consume los que te van a ayudar a sanar, así de simple. La gente está atada tradicionalmente a los sabores de las carnes, los lácteos, el café, las harinas refinadas, azúcar blanca y las nuevas generaciones a las comidas chatarra o "basura" como los refrescos, el azúcar dietética, hamburguesas y papas fritas de comidas rápidas que cuando les propongo que eliminen de su plan alimentario TODOS esos alimentos lo sienten como un castigo, como un insulto, como algo imposible. Ellos se preguntan ¿cómo voy a dejar de comer esas cosas si es lo que he comido toda mi vida? Mi respuesta es simple: *"por eso estás enfermo, porque has comido esas cosas toda la vida y si quieres restaurar tu salud debes de cambiar tus malos hábitos por los buenos y naturales"*.

Mi reto actual no es sobre saber cómo se pueden restaurar las personas de sus enfermedades más bien, mi reto es saber cómo logro que cambies tu mente de "no se puede" a "sí se puede". Cómo cambio tu mente de "sin carne no puedo vivir" a "puedo vivir mejor sin comer carnes". Cómo cambio tu mente de "necesito café todas las mañanas" a "necesito un té o un tónico natural sin cafeína". Si logro con este libro y mis conferencias cambiar un poco tu mente cambiaré un poco tu salud. Si logro cambiar radicalmente tu manera de pensar cambiaré radicalmente y para siempre tu salud y bienestar.

La medicina moderna en crisis.

La medicina moderna está en crisis simplemente porque *no ataca las causas de los problemas de salud, sólo se limita* *a tratar los síntomas* o consecuencias de dichas causas. Son calmantes o paliativos que "controlan" la enfermedad, pero nada tienen que ver con eliminar las causas de los problemas. Si tú deseas eliminar la causa del 80 % de las enfermedades entonces revisa el Plan Alimentario Naturista General (Cap. 17, Herramienta No. 1) y elimina toda la lista de los 44 alimentos que enferman. Limpia tu cuerpo y nútrelo con la lista de los alimentos que sanan. Vas a notar resultados positivos en 21 días y, en tres meses te vas a sentir mucho mejor.

Hipócrates, el padre de la medicina no estaba equivocado.

400 años antes de Cristo, Hipócrates es considerado el padre de la medicina occidental por ser el primero en relacionar cosas físicas como causas de las enfermedades y no lo que se acostumbraba en la época, asociar a las enfermedades con "espíritus" o lo que en la actualidad se le llama "males puestos" "brujería" "hechicería", etc. Ya Hipócrates hacía referencia a los alimentos y la manera de comer como causa primaria de la mayor parte de las enfermedades. No solo veía en los alimentos la causa de las enfermedades sino, también la solución al decirles a sus pacientes y discípulos:

> *"Deja que tu alimento sea tu medicina y que tu medicina sea tu alimento"*   Hipócrates

Qué pena que este principio hipocrático de sanación no se nos incluya en el juramento que hacemos al terminar la carrera como doctores en medicina.

La profesión médica está en crisis. El modelo americano de hacer la medicina es un modelo basado en el lucro a través del control de las enfermedades y no un modelo que restaure la salud de las personas. Así que, es un modelo excelente para hacer negocio con la medicina pero es un fracaso para los pacientes que desean restaurar su salud de enfermedades crónicas y degenerativas.

Este modelo americano ya está llegando al punto de quiebre es decir, está llegando a un nivel de crisis que a corto o mediano plazo será intolerable. ¿Por qué lo digo? Hace 14 años, en tiempos de Clinton, las estadísticas oficiales mostraban muertes por "error médico" a poco más de 40 mil personas por año. De hecho Clinton, ante lo escandaloso del asunto, donó 10 millones de dólares a una institución hospitalaria y educativa para que investigaran y trataran de corregir el rumbo. Lo verdaderamente escandaloso y hasta vergonzoso, es que en el año de 2009 las muertes oficiales por "error médico" suman poco más de 100 mil es decir ¡dos y media veces más! Peor aún, cifras oficiales achacan la muerte de otros 100 mil más por efectos colaterales de los medicamentos y otras 100 mil muertes mas por infecciones hospitalarias, las cuales son totalmente prevenibles (5,6,7,8). Sume las tres cifras y el resultado debería poner los pelos de punta tanto a la profesión médica como a los posibles pacientes: cerca de 300 mil personas mueren por año al ser atendidos por el modelo americano de hacer medicina, tan solo en los EUA. En uno de los artículos revisados (5) hablan de que *el sistema de cuidado de la salud americano es ahora la tercera causa de muerte de EUA* sólo después de las enfermedades cardiovasculares y el cáncer. Aunque es escandaloso, ridículo y hasta vergonzoso que la medicina oficial sea la tercera causa de muerte en los EUA, la gente parece no estar enterada y dormida. No protesta, no exige y acepta esta realidad como si fuera ineludible, como si no existiese otra alternativa. Sigue la corriente de "el mundo" sin notar que "el mundo" ha perdido su rumbo de amor, verdad y salud.

Sabemos y aceptamos que el cáncer mata gente pero que el sistema médico que se supone esta para sanar enfermos mate casi tanta gente como el cáncer en un país que se supone es el más desarrollado del planeta es inconcebible, inadmisible y debiera ser intolerable ¡Despierta!

Si esas cifras no nos dan vergüenza a los médicos entonces, hemos perdido la vergüenza, si no nos dan pavor, hemos perdido nuestra capacidad de asombro. *¿Qué más hemos* *perdido los médicos? Nuestra capacidad de curar enfermos;* la base misma de la medicina. No entiendo porque nadie ve esta crisis. No curamos enfermos pero sí los "controlamos" o los enfermamos más con los efectos colaterales de los medicamentos. Qué pena, qué desgracia para miles de familias. Y que poca sensibilidad la nuestra. Todo esto no muestra otra cosa más que la deshumanización de la medicina.

México y el mundo occidental copian este modelo americano basado en el lucro a través del control de las enfermedades y ya estamos pagando las consecuencias, solo revisen las estadísticas mencionadas arriba. México tiene un vergonzoso primer lugar mundial en niños con sobrepeso y obesidad.

La diabetes es la causa número uno de muertes en México, pero nadie lo relaciona con su primer lugar mundial en el consumo de refrescos de cola con más de 10 cucharadas de azúcar cada uno.

¿Qué autoridad de salud ha hecho alguna vez alguna declaración fuerte sobre los peligros que, para la salud, conlleva la ingesta de refrescos y otros "alimentos chatarra"? Temen atacar intereses económicos ya creados, mientras la gente ignora el daño que se hace al consumir estos químicos, pintura con agua y azúcar ¿Y nuestros representantes? Sin hacer leyes que eduquen a los niños desde la infancia y les muestren gráficamente lo peligroso y nocivos que son los alimentos chatarra, el alcohol, la cerveza y los cigarros. Esa sí sería medicina preventiva. Eso sí se podría llamar cuidado de la salud (health care, en inglés).

¿Por qué me atrevo a decir que la profesión médica está en crisis? Porque no se puede tapar el sol con un dedo. Revise ahora las estadísticas de la industria de la aviación: 535 muertes por año por error humano o fallas técnicas el 2007 y año con año van disminuyendo. Revise ahora la industria de la construcción: 5488 muertes en 2007. Ninguna industria iguala o se acerca en lo más mínimo a la cantidad de muertes que provoca la industria médica en los EUA (300,000 por año, cifras oficiales). Para igualar sus cifras de muertes provocadas por su industria médica de la enfermedad, **tendrían que caerse entre 4 y 5 aviones diarios** con 200 personas a bordo y que todas se murieran. Así de letal es la industria que se supone sirve para sanar enfermos.

Señor presidente de los EUA, permítame informarle que el terrorismo no va a acabar con los EUA. Su terrorismo existente en la última década no se compara ni se le acerca en lo más mínimo al terror de las cifras mortales que generan la industria médica y los alimentos industrializados. EUA se está acabando desde adentro, el cáncer, la alta presión, el sobrepeso, la diabetes se extienden como epidemia por todo el país y a esto agregue la ineficiencia del modelo americano de la industria médica y lo letal que actualmente es. En realidad no es mas que un problema económico, las empresas y consorcios de laboratorios médicos solo buscan mas ganancias sin importar las consecuencias a la sociedad. Podríamos decir que el pueblo americano es víctima de la ambición y avaricia de unos cuantos empresarios de las industrias de la alimentación y la industria de la enfermedad.

La solución es volver a lo natural. Volver a los alimentos naturales y orgánicos, volver muestra mirada y conocimiento hacia la medicina natural.

Conclusiones:

La industrialización de los alimentos es la causa primaria de casi todas las enfermedades. Mi experiencia indica que el 80% de las enfermedades son causadas por la ingesta regular de los alimentos no naturales o industrializados. Vea la lista negra en el Plan Alimenticio Naturista General (Cap. 17. Herramienta No 1). La industria médica está en crisis, porque no está diseñada para curar y si está involucrada en el negocio de controlar las enfermedades y no en sanarlas, por eso no les interesa educar sobre la nutrición natural de los enfermos. Así que si tú deseas educarte en cómo alimentarte sanamente tendrás que leer este y otros libros para hacerlo por tu cuenta.

Esta es la alternativa que te ofrezco.

Mi compromiso es contigo que quieres restaurar tu salud y tu bienestar. Predico con el ejemplo. Aunque tengo licencia como médico en México, práctico mi profesión médica como asesor naturista; no he recetado ni una sola aspirina o antibiótico y ningún otro medicamento desde hace 25 años. Mi laboratorio es el más grande del mundo, es la Madre Naturaleza creada por Dios Padre. Es natural y mi cuerpo también es natural, por lo que cuido mi cuerpo con lo natural ya que los químicos no son naturales a mi cuerpo y, por lo tanto, podrían ser dañinos. Trato a las enfermedades con plantas medicinales 100% naturales. No le doy a mi cuerpo alimentos industrializados, procesados por el hombre, alterados en su naturaleza para darles sabor, color o aroma con elementos químicos.

Mi compromiso conmigo mismo es mantenerme sano a pesar de la edad y los factores externos. Mi compromiso es contigo que deseas restaurar tu salud a muy bajo costo y en forma 100% natural. **Mi compromiso es con la verdad**, porque sé que la verdad nos hará libres. Libres del dolor, libre de la enfermedad.

ES LO QUE COMES E INGRESAS
A TU CUERPO FISICO
LO QUE ENFERMA O SANA
A TU CUERPO FISICO.

CAPÍTULO 3

De tus problemas de salud y sus posibles causas.

¿Cuáles son tus problemas de salud? Para que te ayudes a restaurar tu salud y tu bienestar, con este método de auto ayuda, te sugiero que escribas con tu puño y letra en las siguientes líneas todos los problemas de salud que te aquejan. Al escribirlos harás un ejercicio mental muy poderoso que te ayudara a aumentar la dosis de voluntad necesaria para cambiar tus malos hábitos alimenticios por buenos hábitos. Estas son las palabras que te sugiero repitas en voz alta o en voz baja pero con mucha fe cada vez que vas a escribir tus problemas de salud:

"Primero Dios Padre y con este sistema de limpiar,
nutrir y reparar yo me voy a liberar de":

1. _____

2. _____

3. _____

4. _____

5. _____

6. _____

7. _____

8. _____

9. _____

10. _____

Este ejercicio mental te ayudara a programarte mental y espiritualmente para lo que viene. Lo que sigue es limpiar, nutrir y reparar tu cuerpo. Tres pasos simples pero muy poderosos para obtener los resultados que estás buscando.

Escoge de entre la lista de problemas que describimos abajo cuál o cuáles son los tuyos. Si tu problema no aparece en la lista de abajo, no te preocupes, de todos modos escríbelo en la lista de arriba y prográmate psicológica y espiritualmente para eliminarlos mediante mi sistema de limpiar, nutrir y reparar.

¿Cuáles son tus problemas de salud? Márcalos con pincel amarillo.

ABDOMINAL DOLOR	ÁCIDO ÚRICO	ACNÉ	ADORMECIMIENTO pies manos
AGRURAS (reflujo, acides)	ALCOHOLISMO	ALERGIA RESPIRAToriaORIA	ALERGIA DE LA PIEL
ALSEHIMER	AMENORREA falta de menstruación	AMIGDALITIS (Anginas)	ANASARCA (Hidropesia, edema)
ANEMIA	ANEURISMA	ANGINA DE PECHO	APETITO (Exceso de) (Falta de)
ARRITMIA	ARTRITIS	ASMA	CALAMBRES
CÁLCULOS BILIARES	CÁLCULOS URINARIOS	CÁNCER	CATARRO
CERVICALGIA (Dolor de cuello)	CIÁTICA (Dolor de pierna)	CIRCULACIÓN	CIRROSIS
CISTITIS	CISTOCELE (Vejiga caída)	CLOASMA (Manchas obscuras en cara)	COLESTEROL
COLECISTITIS	COLITIS	CÓLICO MENSTRUALES	CONGESTION NASAL

CONJUNTIVITIS	CAIDA DEL CABELLO	DEBILIDAD GENERAL	DEPRESIÓN
DIABETES	DIARREA	DIVERTICULITIS	Distrofia
DOLOR RODILLA POR DESCALIFICACIÓN	DOLOR DE ESPALDA	CAÍDA DEL CABELLO	ADICCIÓN ALOPESIA
DOLOR FACIAL	DOLOR DE PIERNAS	DEBILIDAD GENERAL	CATARATA ASMA
DOLOR DE HOMBRO	DOLOR DE PIES	DEPRESIÓN	CEGUERA
DOLOR HOMBRO DESCALCIFICACIÓN	DOLOR DE RODILLAS	DEPRESIÓN FEMENINA	DERMATITIS CONTRACTURAS
DOLOR DE MANO Y MUÑECA	INSUFICIENCIA CARDIACA	DIABETES ÁCIDO ÚRICO	DESBALANCE
DOLOR DE PECHO Angina de Pecho Corazón	INSOMNIO	DIARREA	DISFAGIA (DIFICULTAD PARA TRAGAR)
DOLOR AL ORINAR (PENE)	INTOXICACIÓN alimentaria	HIPERTENSIÓN	DISNEA
DOLOR MUSCULAR	IRRITABILIDAD emocional	HIPERTIROIDISMO	DISPEPSIA (MALA DIGESTIÓN)
DOLOR MUSCULAR	IRRITACIÓN DE LA PIEL	HIPO	DOLOR DE VIENTRE BAJO
DOLOR DE OÍDO	LABERINTITOS	HIPOTIROIDISMO	ENFISEMA
DOLOR DE TOBILLO	LEUCORREA (flujo blanco vaginal	HONGOS EN PIE	ESPOLÓN PIE
DOLOR DE CUELLO	LUMBAGO (dolor de espalda baja, cintura)	IMPOTENCIA	ESCLERODERMA
EDEMA ("hinchazón")	DISRITMIA CEREBRAL	PSICOSIS	FRACTURA HUESO
EPIDIDIMITIS	DIVERTICULITIS	PSORIASIS	FÍSTULA
EPILEPSIA	DISMENORREA (Menstruación dolorosa)	QUEMADURAS	HEMIPLEJIA
ESTERILIDAD FEMENINA	INFARTOS	QUISTES OVÁRICOS	HERNIA DE DISCO
ESTERILIDAD MASCULINA	INFLAMACIÓN	QUISTES MAMARIOS	INCONTINENCIA URINARIA
ESTOMAGO ABULTADO	INFLAMACIÓN ESTOMAGO	RESPIRACIÓN (problemas respiratorios)	MAL ALIENTO
FARINGITIS	LUPUS	RETENCIÓN de líquidos	MEMORIA
FATIGA MASCULINA	MAREOS	RETINOPATÍA DIABÉTICA	MENOPAUSIA
FATIGA FEMENINA	MENSTRUACIÓN DOLOROSA,	SANGRADO ANAL	NERVIOSISMO
FIBROMIALGIA	MENINGITIS	SANGRADOS	ANSIEDAD
FRIGIDEZ	MIGRAÑA	SAN VITO (baile de)	NERVIO PINCHADO
ESTREÑIMIENTO	MÚLTIPLE ESCLEROSIS	SINUSITIS	OJOS ARDOR
ESTREÑIMIENTO SEVERO	NASAL CONGESTIÓN	SUDORACIÓN EXCESIVA	PÓLIPOS INTESTINALES

ESTRÉS	NÁUSEA	TEMBLORES	PERDIDA DE PESO
FARINGITIS	NEFROPATÍA (enfermedad de riñones),	TESTÍCULO Deficiencia	POLAQUIURIA (ORINA FRECUENTE)
FIBROMA	NEUMONÍA (infección de pulmones)	TESTÍCULO inflamación	POLIURIA (ORINA ABUNDANTE)
FIEBRE (escalofríos)	NEURASTENIA	TESTÍCULO infección	PIE DE ATLETA
FIEBRE REUMÁTICA	NÓDULOS (pequeñas tumoraciones)	TINITUS (ruidos en oídos)	SEMIPARÁLISIS
GASTRITIS	OBESIDAD	TOSFERINA	SORDERA
GLAUCOMA	OTITIS MEDIA	TOS	SÍNDROME DE CUSHING
HEMATOMA (moretones)	OSTEOPOROSIS	TRAGAR dificultad	TABAQUISMO
HEMORRAGIAS	PALPITACIONES	ULCERA GÁSTRICA	VÉRTIGO
		VOMITO	VITÍLIGO
HEMORROIDE	PANCREATITIS	ULCERA PIE	
HEPATITIS	PARÁSITOS INTESTINALES	ULCERA VARICOSA	
HERNIA HIATAL	PARESTESIAS (manos y pies adormecimiento)	UÑAS hongos	
HERPES ZOSTER	PARKINSON	URINARIOS problemas	
HERPES LABIAL	PERISTÁLSIS intestinal (Movimientos anormales)	VARICE	
VEJIGA CAÍDA Y MATRIZ	PROSTATITIS	VIENTRE PROMINENTE	

¿Cuáles son las posibles causas de tus problemas de salud?

Por 25 años he buscado la verdad y el conocimiento que te hará libre del dolor, libre de la enfermedad y libre del sufrimiento. Gloria a Dios mi Padre Celestial, he encontrado lo que podría ser una solución a casi todos los problemas de salud. Las bases de todo este conocimiento las comparto ahora en este libro para que tú, amigo lector, te beneficies de estas verdades y restaures tu salud y tu bienestar sin tener que invertir grandes cantidades de dinero. Por lo pronto, este conocimiento lo comparto con quienes más lo necesitan: la gente en general. Llegará el momento en que Dios me dé la oportunidad de ensenarlo en escuelas para médicos y terapeutas de todo el mundo.

He aquí mis conclusiones sobre las posibles causas de tus problemas de salud:

1. Intoxicación por alimentos tóxicos e industrializados.

2. Pobre Nutrición.

3. Intoxicación por metales pesados en tu boca y tu cuerpo. Galvanismo.

4. Falta de ejercicio (vida sedentaria).

5. Accidentes y traumatismos.

6. Radiación electromagnética. Electrodomésticos, cordones eléctricos, celulares, microondas, cables de alta tensión, transformadores, radio, televisión. Antenas emisoras y receptoras de radio, TV y celulares.

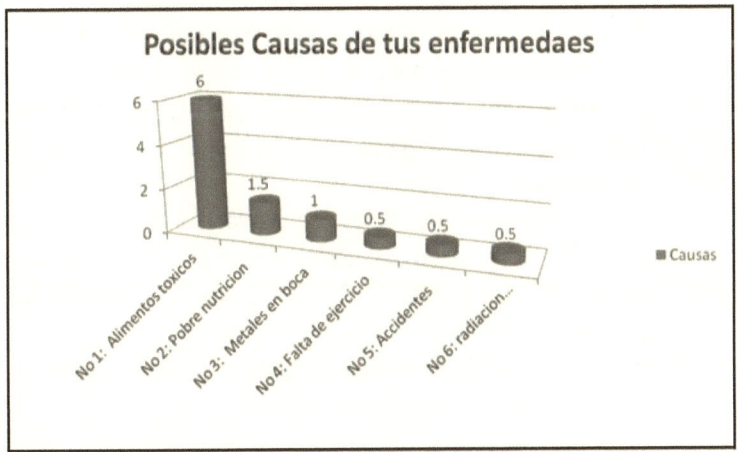

Mi método es simple, muy sencillo y en tiempos de crisis económica es valiosísimo porque su costo es mínimo. Tiene que ver con la ley de causa y efecto. Elimina las seis causas de tus problemas de salud que aparecen arriba y entonces podrás restaurar tu bienestar. En este libro te enseño cuales son las posibles causas (según mi experiencia) como eliminarlas y como restaurar tu salud y bienestar. En mi ciudad natal, Cerralvo N.L. México, existe un dicho que dice: *"Muerto el perro se acaba la rabia"*, en otras palabras: elimina la causa del problema y el efecto desaparece.

En cada capítulo sobre como restaurarse de los problemas de salud te instruyo acerca de mi experiencia sobre las posibles causas de dicho problema, tu responsabilidad es eliminarlas y tomar las medidas necesarias para recuperarse.

Empieza por eliminar todos los alimentos industrializados de tu dieta; cambia tus malos hábitos alimenticios por buenos hábitos. Los buenos hábitos incluyen toda clase de alimentos naturales como vegetales crudos y cocidos, agua de manantial o alcalina, miel cruda de abeja o de agave (maguey), frutas, semillas secas, cereales integrales, leguminosas, pescado, huevos orgánicos. La lista negra y la lista blanca de lo que debes de comer y lo que no debes de comer está en el Plan alimenticio Naturista General (Cap. 17. Herramienta No 1).

Luego continúas con visitar al dentista para que elimine de tu boca toda clase de metales (amalgamas, coronas, base de metal para porcelana, puentes etc.) para que los cambie por resinas, cerámicas, acrílicos o cualquier otro material no metálico y no tóxicos.

Inicia un plan de ejercicios cardiovasculares, como el que te indico en el Capítulo 21. Cumple con el ciclo natural de Actividad-Reposo. Ejercita tus músculos si no estos se atrofian y se hacen viejos y débiles.

Toma precauciones, en todo momento evita los accidentes, tanto en la casa como en el automóvil y en el trabajo.

Por último, apártate lo más que puedas, sin dejar de disfrutar de la tecnología moderna, de todos los electrodomésticos, radio y televisión, celulares, teléfonos inalámbricos, cables de electricidad, conexiones eléctricas en la pared (procura que no estén en tu cabecera).

Veamos las cosas que te enferman con más detalles en el siguiente capítulo.

CAPÍTULO 4

Las cosas que te enferman

¿Cómo decirle adiós a tus enfermedades?

Muy simple: dile adiós a las causas de tus problemas de salud, dile adiós a las cosas que te enfermas las cuales, según mi experiencia, son en general: los alimentos industrializados, los metales en tu boca en tu cuerpo y la mala nutrición.

1. ALIMENTOS INDUSTRIALIZADOS

Son la causa primaria, número uno, de tus problemas de salud. Ellos contienen químicos, metales pesados, y biológicos dañinos para la salud. Ver la lista negra de los alimentos industrializados que te enferman (Cap. 17. Herramienta No 1).
Dile adiós a los

2. METALES DE TU BOCA Y TU CUERPO

Los de la boca te pudieran estar intoxicando con mercurio, un metal pesado que causa neurastenia, cansancio y fatiga crónica, depresión y nerviosismo. Además deprimen el sistema inmune. El oro y la plata te provocan niveles de galvanismo, es decir, corrientes eléctricas que recorren tu cuerpo y te podrían causar dolores eléctricos, al igual que las coronas y las amalgamas de tu boca.

Una vez que le dices adiós a los alimentos industrializados y a los metales pesados corrige también:

3. LA MALA NUTRICIÓN.

Dale a tu cuerpo las refacciones naturales necesarias para repararlo. Los nutrientes de los alimentos son como refacciones al cuerpo. La lista blanca de alimentos nutritivos que ayudarían a sanar tu cuerpo la encuentras en el Plan alimentario Naturista General (Cap. 17. Herramienta No 1).

Una vez eliminados los alimentos tóxicos de tu plan alimenticio y brindándole alimentación sana y natural a tu cuerpo se inicia un proceso natural de reparación, un programa genético que está en todos los seres vivos y este es el encargado de la reparación de células, órganos y tejidos.

Yo resumo estos procedimientos en tres pasos simples:

LIMPIAR,   NUTRIR   Y   REPARAR.

Si limpias tu cuerpo y no lo nutres entonces no reparas y no restauras tu salud. Igual, si lo nutres y no lo limpias no restaurarás tu bienestar. Debes de cumplir con el dualismo de limpiar y nutrir para poder reparar y restaurar.

En mis conferencias pregunto frecuentemente: ¿qué hay mejor que recobrar la salud? Normalmente me contestan que nada hay mejor. Yo les digo que después de restaurar la salud viene el premio mayor: *rejuvenecer*. Este es tema para otro libro. Por lo pronto les digo que los tres pasos para restaurar la salud te llevan al rejuvenecimiento.

Al *limpiar* nuestro cuerpo de toda clase de tóxicos y *nutrirlo* correctamente *reparamos* células, órganos y tejidos; así *restauramos* nuestra salud y bienestar permitiéndonos, incluso, con el tiempo *rejuvenecernos* físicamente. Sigue la cadena de:

Limpiar, Nutrir, Reparar, Restaurar y Rejuvenecer.

Y habré cumplido con el propósito de este libro.

En las siguientes secciones te enseño como limpiar, como nutrir y como reparar tu cuerpo para restaurar tu salud y bienestar. Luego nos vamos por listado breve de problemas.

Por las limitaciones de este manual solo toco las enfermedades más frecuentes pero prometo seguir escribiendo hasta completar la obra de enseñarles a ustedes el cómo restaurarse de casi cualquier problema de salud.

Limpiando tu cuerpo

¿Qué es lo que vamos a limpiar?

La piel, la boca, el colon, el hígado, la sangre y todos los órganos.

¿De qué los vamos a limpiar? De TÓXICOS.

¿Qué es un tóxico?

Un tóxico es toda sustancia o elemento que sea nocivo o pernicioso o malo para nuestro cuerpo.

¿Cuáles son los tóxicos que nos dañan?

En mi experiencia existen cuatro clases de tóxicos que dañan nuestra salud, los cuales son:

METALES, QUÍMICOS, BIOLÓGICOS Y RADIACIÓN
ELECTROMAGNÉTICA

1. Los metales que nos dañan son todos aquellos con los que estamos en contacto en nuestra vida diaria y que, desafortunadamente, ingerimos en forma de partículas microscópicas. Todos los metales tienen afinidad con el cerebro y sus neuronas causando problemas asociados con la falta de memoria, concentración, y muy posiblemente estén relacionados con enfermedades tales como Alzhéimer, Parkinson y la Epilepsia. La razón es muy simple: el cerebro tiene cargas eléctricas que atraen como un imán a las cargas eléctricas de los metales atrapándolos en su estructura y causando daños que tanto pudieran ser reversibles como irreversibles.

El *aluminio* que se utiliza muy a menudo en los envases (para refrescos, cervezas etc.) en los sobres de aluminio para las bebidas en polvo y se le relaciona con la pérdida importante de la memoria y el Alzhéimer. Se encuentra además en la sal de mesa. Como aluminato de sodio. La sal de mar natural no contiene aluminio.

El *mercurio* se encuentra en las amalgamas o rellenos de plata que desde hace 160 años los dentistas utilizan para obturar caries. Estas amalgamas son una mezcla de varios materiales, lo más común es que contengan 25% de plata, 25% de estaño y 50% de mercurio. **El mercurio es toxico,** es **venenoso** y podría causar en tu organismo problemas que van desde cansancio crónico hasta depresión severa. EL mercurio que está en tu boca se evapora lentamente con cada masticación o incluso con la ingesta de alimentos calientes. Luego el vapor de mercurio entra a tus pulmones y de ahí hacia tu sangre. En el cerebro puede causar neurastenia (neuro = nervio, astenia = debilidad) con síntomas que van desde fatiga y cansancio hasta depresión leve, moderada y severa. Podría deprimir tu sistema inmune y provocar que te enfermes fácilmente de gripas y catarros. Además de una intoxicación química por mercurio, los amalgamas "de plata" (que de plata no tienen más que una cuarta parte) te pueden causar síntomas de galvanismo.

El *galvanismo* no es otra cosa más que la *electricidad* que en forma natural tienen todos los metales. El oro presenta una corriente eléctrica de 440 milivoltios en circuito cerrado y usar joyas de oro puede provocar síntomas de galvanismo. Estos síntomas son por lo general dolores de origen eléctricos. Por primera vez describí lo que son los dolores eléctricos en mi libro "Adiós al Dolor" en 1999. Cuando tu cargas contigo un metal, sea una joya en forma temporal o un amalgama en forma permanente, entonces sus corrientes eléctricas naturales se meten a tu cuerpo y tu cuerpo las acumula como si fuera un acumulador. El exceso de estas cargas se estanca en el líquido sinovial de las coyunturas causando dolores artríticos, se acumulan también en los músculos causando dolores musculares siendo la causa primaria de la *fibromialgia*.

Cuando la persona tiene cantidades excesivas de metales como coronas de porcelana con puente de metal, coronas de metal sobre sus dientes, cajas o puentes metálicos en cantidades abundantes (digamos más de 10 amalgamas o bien de 3 a 5 coronas de plata o una sola de oro), el exceso de electricidad que genera se acumula también en el nervio facial y trigémino pudiendo causar *neuralgia del trigémino.* Normalmente esto sucede cuando además la persona tiene una deficiencia nutricional importante en lo que al complejo B de las vitaminas y aceites omegas corresponde. Los dolores neuríticos de la cara son tan terribles que una simple brisa desencadena una descarga eléctrica muy dolorosa al grado que ningún analgésico lo calma.

Otros metales que contaminan nuestros cuerpos son todos aquellos que utilizamos como utensilios para la cocina, cacerolas, vasijas, trastes, cucharas etc. Ellos nos contaminan con teflón®, silvestron®, níquel, cadmio, acero etc. Aquí también quedan las vajillas de peltre. Desconozco a ciencia cierta los daños que pueden causar estos metales en los alimentos aunque mi experiencia con pacientes de cáncer me hacen sospechar que están íntimamente relacionados con esta terrible enfermedad.

Volvamos al tiempo de las abuelas, usemos cacerolas de barro vidriado. Ya sé que dicen que contiene plomo, pero igual el vaso de vidrio contiene plomo y al tomar agua en él no te contamina porque el plomo esta cocido. También las vasijas de barro vidriado si tienen el plomo bien cocido no se desprende con la cocción y no te contaminan.

También las **tuberías de cobre** contaminan el agua que bebemos si no la filtramos al menos con un simple filtro de carbón.

Existen muchos otros metales que pudieran estar dañándonos en nuestra salud. Lo importante es mantenerse alejado de ellos e iniciar un programa de limpieza como el que les recomiendo en este manual. Una vez limpio nuestro cuerpo podremos nutrirlo correctamente y ayudarlo a restaurarse de casi cualquier problema de salud.

2. *Los* **químicos** que podrían estar dañando tu cuerpo y enfermándote son todos aquellos con los que estas en contacto en tu vida cotidiana. Están en prácticamente todos los alimentos industrializados, en todos los cosméticos y en todos los elementos de limpieza y más aún en casi todos los elementos de higiene y baño diario. Estudiemos cada uno.

A. *Alimentos Industrializados.* Hoy en día no existen alimentos industrializados, alterados o procesados por el hombre que no contengan una buena cantidad de sustancias químicas que desafortunadamente son dañinas para tu salud. Dichas sustancias incluyen, y no se limitan acolorantes, saborizantes, conservadores, antioxidantes, emulsificantes, estabilizadores y más. Prácticamente el 100% de estas sustancias son totalmente ajenas a nuestro organismo, es decir, en la naturaleza del hombre nunca habían tenido contacto con el ser humano (al menos así era hasta hace poco más de un siglo) y por lo tanto, nuestro hígado no reconoce como naturales y los va acumulando hasta que un día llega a niveles tóxicos y enfermizos.

En el Cap. 17. Herramienta No 1 tengo la lista negra de alimentos industrializados y de algunos químicos que deterioran nuestra salud. Me llevó 25 años confeccionarla y sé que si eres diligente y obediente y te apartas de esos alimentos alterados por la mano del hombre, entonces estarás en el camino correcto de la limpieza de tu cuerpo de todas esas sustancias nocivas.

Solo un ejemplo: la tartracina o amarillo 5 o amarillo 6 es una substancia que le da el color amarillo a los refrescos, a los cereales fríos, a las palomitas del cine, a los alimentos chatarra que vienen en bolsa con sabor a queso y a muchos otros más. La tartracina está relacionada con el síndrome del niño hiperactivo, corajudo y con el déficit de atención. Así que si desea que su niño tenga buen comportamiento y buenas calificaciones no le conviene permitirle que coma esos alimentos chatarra que contienen el color amarillo. Al amarillo 5 yo le llamo "corajillo 5" por los corajes y berrinches que provoca en los niños.

B. Elementos de higiene y baño diario. El desodorante normal y el champo regular contienen propil alcohol entre muchos otros químicos. *El propil alcohol está relacionado con cáncer.* La asociación americana del cáncer advierte sobre su posible influencia en el cáncer de mama. Como alternativa al desodorante existen desodorantes de piedra mineral, también con base de bicarbonato de sodio, aunque si limpias tu cuerpo y dejas de comer cadáveres de res, puerco y pollo, lo más seguro es que el aroma de tu sudor no se perciba como un mal olor porque las enzimas cadavéricas como la cadaverina y la putresina de estos animales en proceso de descomposición ya no circulan en tu cuerpo.

Como alternativa al champo existen en los mercados naturistas una buena cantidad de marcas de champo naturales y sin químicos. Dentro de la línea de productos que manejo hay marcas de champú natural y una de jabón de miel. Así evitaras la caída del pelo y la calvicie prematura. También existen en los mercados naturistas jabones a base de glicerina, miel, sábila, romero y muchas otras plantas naturales que evitaran tu contacto con solventes y otros químicos no muy buenos para tu salud.

C. Elementos de limpieza. Existen algunas personas que son obsesivas con la limpieza y la mayor parte de ellas se la pasan enfermas sobre todo de alergias respiratorias y de la piel. La razón es muy simple: su excesivo contacto con los químicos de limpieza bajan sus defensas corporales y permiten que aparezcan alergias. Además, estas personas no saben que la mayoría de esos productos químicos de limpieza podrían ser cancerígenos o causar enfermedades raras o autoinmunes. Estas sustancias contienen cloro, amoniaco, fosfatos, formaldehido, abrasivos y aerosoles que, aparte de ser tóxicos para tu cuerpo, dañan el medio ambiente.

En mis conferencias sobre Adiós a las enfermedades en tres pasos naturales invito a las personas a que den su testimonio en caso de que alguna vez hayan limpiado la tasa del baño con cloro y el espejo del baño con amonio y por ignorancia dejaron los frascos abiertos permitiendo que los dos gases se mezclen en el aire. Siempre, de cada 100 asistentes, aparecen dos o cuatro mujeres que reportan lo mal que se sintieron. Los síntomas van desde náuseas y vómitos hasta intoxicación severa y caída al hospital por 5 días. Varias mujeres reportaron que salieron del baño arrastrándose por el piso y en muy mal estado. Existen dos empresas que venden limpiadores biodegradables, seguros para tu salud una de ellas existe en EUA, México y en muchos países del mundo y la otra por lo pronto esta solo en los EUA. Son Amway® (Quixtar® en EUA) y Melaleuca®. Sus representantes de ventas afirman que los vapores del cloro y del amoniaco al mezclarse en el aire forman el gas mostaza, gas que uso Hitler en sus cámaras de gases donde mato mucha gente. También lo utilizaron los americanos en la Guerra de Vietnam. Ahora es tiempo de preguntarse ¿con qué estás limpiando tu hogar? Busca productos biodegradables en el supermercado, si no los encuentras, pregunta por ellos. Entra al internet y coloca en el buscador las palabras **limpiadores biodegradables**. Wallmart® vende limpiadores de ropa biodegradables a base de Bicarbonato de Sodio muy económicos.

Volvamos al tiempo de las abuelas: utiliza vinagre para limpiar los vidrios, bicarbonato de sodio para limpiar los baños, Hierba de "amole" para lavar la ropa o para hacer champo, jabón zote para lavar la ropa, jabón de aceite vegetal como la glicerina para el cuerpo.

3. Los contaminantes o tóxicos biológicos. Son los virus, las bacterias, los hongos y los parásitos.

A. Los virus son la entidad viviente más pequeña que existe en la naturaleza. Son tan pequeños que en un microscopio normal no se ven. Se requiere de un microscopio electrónico para poderlos observar. Son algo así como mil veces más pequeños que una bacteria o una célula. Los encontramos en las personas y hasta en los animales enfermos de gripas y catarros. Se transmiten normalmente de persona a persona, algunos por vías respiratorias como la gripa y otros por vía genital como el del SIDA y el del herpes genital.

Existen muchos tipos de virus, en diversas variedades y grados de infección como el del herpes labial que provoca una infección muy benigna con ámpulas en los labios. Le sigue el herpes zoster, con ámpulas en la piel siguiendo la trayectoria de un nervio, sus ámpulas son ardorosas y dolorosas. Luego está la variedad del herpes genital con ámpulas en la piel y mucosa de los órganos genitales en la mujer y en el hombre. En mi experiencia, encuentro el herpes labial y zoster en personas inmuno suprimidas. En cambio, en el herpes genital es común que además de estar con defensas bajas, el o la persona esté utilizando cremas con solventes. Los solventes disuelven la membrana celular de las mucosas genitales permitiendo las ámpulas y el crecimiento del virus. La Cura del Limón de un día pudiera ayudar a cortar en unas cuantas horas este tipo de infecciones. El Romagil©, un extracto de ajos y romero, podría ayudar muchísimo a eliminar este tipo de infecciones. Ver Capitulo 18, Herramienta No 9.

B. Las bacterias son organismos unicelulares, es decir de una sola célula, que se reproducen así mismos y pueden causar infecciones bacterianas purulentas en cualquier parte el cuerpo. Por ejemplo: el estreptococo causa infección de las amígdalas y eventualmente fiebre reumática. La bacteria meningococo puede causar infección en el cerebro con una meningitis. La bacteria del cólera puede causar infecciones intestinales que cursan con diarreas severas e incluso pueden provocar la muerte por deshidratación. La Salmonella Tifi puede causar fiebre tifoidea con diarreas, vómitos, dolores de coyunturas, fiebres, escalofríos etc. Existen muchas otras bacterias que no vamos a describir por no ser el objetivo de este libro. Para evitar estos tipos de infecciones bacterianas, debemos estar bien nutridos con la lista blanca de los alimentos naturales del Plan Alimentario Naturista General y seguir las normas de higiene más socorridas como lavarse las manos después de ir al baño y antes de cada alimento. Si padeces de cualquier tipo de infección visita a tu médico y sigue sus instrucciones ya que hay que reconocer que los antibióticos, cuando las bacterias no son resistentes, salvan muchas vidas. Si deseas un remedio natural practica La Cura del limón de un día y pudiera ayudarte a cortar en unas cuantas horas este tipo de infecciones (Ver Capitulo 17, Herrramienta No. 3).

C. Los hongos más comunes en el cuerpo humanos son el del pie de atleta y la cándida. Mucho tiempo me costó saber que mi adicción a la harina blanca (mi madre cocinaba unas tortillas de harina blanca riquísimas) me estarían causando candidiasis. Pocos años atrás empecé a perder el cabello, la memoria, la concentración e incluso la visión, lo peor fue que empecé a tartamudear y no sabía la razón. Hasta que me hicieron un examen de sangre, donde se observó por medio de microscopio de campo obscuro, el hallazgo fue nada más y nada menos que cándida, un hongo en la sangre. Resulta que me entere que la harina blanca tiene levadura (un hongo) y esta, de algún modo, contribuye a la candidiasis en la sangre.

Así que tuve que dejar la harina blanca y me hice unas limpiezas de la sangre por medio de baño ionizante de pies y otras limpiezas del colon mediante lavados colónicos. Fue así que resolví mis problemas de salud. Además tomé por unos tres meses mis formulas exclusivas para matar el hongo en sangre. Otros alimentos que contienen levadura o cándida son: pan, galletas, pasteles, donas, chocolate, cerveza, vino y vinagre. Alimentos que reproducen la cándida son el azúcar y los lácteos. En otra obra hablaremos de los síntomas de la cándida y como resolverlos.

D. Los parásitos conocidos son las lombrices. La tenia o solitaria es la más larga de todas, llega a medir más de un metro. Existen otras lombrices como el Áscaris lumbricoide, oxiuros, triquinas y cisticercos muy comunes en México y países subdesarrollados. Las carnes rojas podrían contener las larvas de estos parásitos y al ingerirlas, estas larvas se convierten en adultos en el colon; de ahí, estos parásitos adultos colocan más larvas o huevecillos que pasan al torrente sanguíneo y luego pasan a los órganos causando problemas de salud muy diversos. Los síntomas más comunes de parásitos son dolores intestinales tipo cólicos o "retorcijones", periodos de diarreas alternados con periodos de estreñimiento, rechinar o castañear los dientes, defecación con moco y sangre (disentería). La higiene de las manos antes de comer y después de ir al baño es la medida principal para prevenir estas infecciones pero he notado que las personas que comen res, pollo y puerco tienen mayor probabilidad de tener parásitos. La amiba no es una lombriz, es un parasito unicelular, se pega a la mucosa del colon y le "chupa la sangre", causa diarreas sanguinolentas con moco y mucho pujo. Lo mismo provoca la Shigela. Los oxiuros, son lombrices muy pequeñas y blancas que por la noche sale la hembra a la piel del exterior del ano para colocar sus huevecillos ahí. Eso causa comezón anal nocturna y muy molesta. El cisticerco que normalmente está en el puerco, produce larvas en el colon que pasan a la sangre y luego pueden provocar cisticercosis en los músculos o el cerebro. Si es en el cerebro, puede causar ceguera, epilepsia, parálisis e incluso la muerte. Simplemente ya no coma puerco, de ese modo no adquiere ni triquina ni cisticercos.

4. Los contaminantes tóxicos por **radiación electromagnética**.

Lo más reciente de mis experiencias, apuntan a las radiaciones electromagnéticas como la posible causa y fuente de una serie de malestares que podrían ser desde dolores de cabeza, insomnio, estrés, nerviosismo hasta el cáncer de cerebro. La ciencia médica tendrá que investigar al respecto. He aquí la lista de fuentes de radiación electromagnética que pudieran causar problemas de salud:

➢ Ondas de radio frecuencia: AM, FM, teléfonos celulares, Televisión y toda la tecnología "wireless" o tecnología sin cables.

➢ Todo tipo de aparatos electrodomésticos.

➢ Todo el cableado por donde pasa corriente eléctrica.

➢ Toda la tecnología de microondas (horno de microondas).

Mi consejo es mantenerse lo más apartado posible de estos aparatos y utilizarlos con la precaución de no abusar del tiempo de exposición a las ondas electromagnéticas. Algunos consejos:

➢ Utilice los celulares y los teléfonos inalámbricos lo menos posible.

➢ Aparte de su cuerpo el celular una vez este en casa o en la oficina. Colóquelo en el escritorio o a un metro de distancia.

➢ No tenga aparatos de televisión o radio en su recamara.

➢ Todos los cables eléctricos de conexión de sus aparatos deben de desconectarse al dormir.

➢ Vivir debajo de cables de alta tensión o cerca de transformadores eléctricos es de alto riesgo. Si puede escoger donde vivir escoja lejos de ellos.

➢ Jamás duerma con su celular en la cabecera.

➢ Jamás se coloque el celular entre las piernas. Si no quiere "cocinar" sus genitales con microondas.

➢ Jamás coloque su celular en el pecho bajo el brasier. Esto afecta el latido cardiaco.

Primer paso:
limpiar

CAPÍTULO 5

Limpieza: información general

Limpiar nuestro cuerpo, piel, boca, sangre y órganos de toda clase de contaminantes o cosas que te enferman es indispensable para recuperar la salud y el bienestar.

Las cosas que te enferman son los tóxicos de los alimentos industrializados y los desechos naturales de nuestro propio organismo (excrementos, orina) que no sean eliminados adecuadamente.

1. LOS CICLOS VITALES

Los médicos de la antigüedad, como Hipócrates y Galeno, enseñaban a sus discípulos que la salud de una persona era el resultado del balance de **dos ciclos vitales** a saber:

ACTIVIDAD Y REPOSO ALIMENTACIÓN Y EXCRECIÓN

Son ciclos vitales porque el desbalance en cualquiera de ellos puede provocar primero, la enfermedad y luego la muerte. Por ejemplo, *en el ciclo de actividad y reposo*: una persona que no duerme y que siempre está activa de día y de noche primero, enferma de psicosis o locura a los cinco días y luego, pudiera morir en un tiempo variable de entre los 3 a los 9 meses. Si por contrario, se la pasa dormido o en reposo absoluto en cama, esa persona primero enferma, se anquilosan las coyunturas a tal punto que luego no es posible moverlas. Existe un dicho popular que dice: "la cama enferma", y eso es lo que pasa por falta de actividad. No sé cuánto tiempo puede durar una persona en absoluto reposo hasta morir, pero si estoy seguro que tarde o temprano terminara muriendo prematuramente.

El otro *ciclo de alimentación excreción*, es donde encontramos más comúnmente trastornos o desbalances. Lo cierto es que personas que comen "a morir" terminan muriendo prematuramente de obesidad, diabetes, hipertensión, cáncer y muchos otros trastornos metabólicos. Peor aún, una persona que no elimina sus excretas por 7 días, cae en el hospital con dolores terribles que solo se pueden calmar desimpactando las heces manualmente o aplicando un enema o lavativa. Desconozco cuanto pueda vivir una persona alimentándose y sin defecar, pero creo que podría ser entre tres semanas y no más de tres meses.

En resumen: la persona que tiene demasiada actividad sin reposar se enferma primero y luego muere prematuramente. Si se la pasa en reposo absoluto sin actividad, pasa lo mismo. Si la persona se alimenta (y no excreta o elimina desechos) se enferma primero y luego muere prematuramente. Igual pasa si no se alimenta, primero enferman y luego mueren prematuramente. El balance de ambos ciclos actividad-reposo, alimentación-excreción, son la clave para mantenerse en buena salud, con una buena calidad de vida y una buena cantidad de años.

2.   LOS SISTEMAS DE ELIMINACIÓN NATURALES.

En forma natural, nuestro organismo elimina toda clase de desechos tóxicos (los naturales y los artificiales o industrializados) a través de cuatro sistemas principales:

1. DIGESTIVO: hígado, vesícula biliar y colon.

2. URINARIO: riñones, vejiga; REPRODUCTOR: útero, próstata.

3. RESPIRATORIO: pulmones, nariz, garganta.

4. DERMATOLÓGICO: piel.

¿Por qué es importante la limpieza de nuestro organismo?

Es muy importante la limpieza de nuestro cuerpo porque los **deshechos metabólicos** *provenientes en el interior, de la digestión y aprovechamiento de los alimentos (heces fecales y orina por ejemplo) y en el exterior de los contaminantes o tóxicos* **metálicos, químicos** *que se encuentran en los alimentos industrializados, más los elementos* **biológicos** *(virus, bacterias etc.), son la causa primaria de las enfermedades, aunado a la mala nutrición.*

Y si limpiamos nuestro sistema de esos tóxicos y nos nutrimos correctamente, eliminamos la causa de nuestras molestias y entonces es más fácil la recuperación.

En este y los siguientes capítulos de limpieza del cuerpo, la boca, la sangre y los órganos les enseñaré todos los métodos naturales existentes de limpieza que conozco para evitar que nuestras propias excreciones acumuladas más los alimentos industrializados nos intoxiquen y nos enfermen.

He dividido los métodos de limpieza en tres categorías según la velocidad y la rapidez con la que actúan. Dependiendo la gravedad de cada caso es *la velocidad* con la que deberíamos de limpiar nuestro cuerpo de deshechos y tóxicos contaminantes. Solo mencionaré el procedimiento de limpieza ya que la descripción de cada uno se encuentra en otro libro, el cual se encuentra en preparación para edición.

3. LOS SISTEMAS DE LIMPIEZA

Según la rapidez y la profundidad del método de limpieza que usemos, la limpieza la podemos dividir en tres grupos:

A. LIMPIEZA NORMAL

B. LIMPIEZA AVANZADA

C. LIMPIEZA ACELERADA

A.- LIMPIEZA NORMAL

1. Respirar aire puro.

2. Baño e higiene diarios.

3. Baños de sol.

4. Abluciones (defecaciones) diarias.

5. Hidratación correcta.

6. Hidroterapia del colon.

7. Ayuno de un día por semana.

8. Ejercicio ligero.

9. Plan Alimenticio Naturista General (Cap. 17. Herramienta No 1).

B.- LIMPIEZA AVANZADA

1) Aguas termales.

2) Baño sauna.

3) Baño turco.

4) Baño hipo e hipertérmico.

5) Baño de barro.

6) Lavativas o enemas.

7) Ejercicio hasta sudar.

8) Ayuno de dos días por semana.

9) Plan Alimenticio Desintoxicante y Reductivo de siete días. (Cap. 17. Herramienta No 6).

C.- LIMPIEZA ACELERADA

1. Lavados colónicos.

2. Baño ionizante de pies.

3. Sauna con rayos infrarrojos.

4. Plan Alimenticio Desintoxicante y Reductivo de 14 días.

En otra obra haré una descripción más completa y detallada de cada uno de los elementos arriba mencionados; por lo pronto, y por lo limitado de este libro, baste con mencionarlos y que tú los conozcas para que pongas algunos de ellos en práctica. En forma general lo que debes de saber para ayudarte a restaurar tu salud en tiempos de crisis y sin hacer grandes inversiones es que la limpieza empieza por la higiene corporal, sigue por la boca, luego el colon, el hígado, la sangre y todos los órganos.

La limpieza con fines de salud y bienestar incluye:

I.   Higiene corporal.

II. Higiene bucal.

III. Limpieza del colon.

IV. Limpieza del hígado.

V.   Limpieza de la sangre y todos los órganos.

VI. Plan alimenticio libre de alimentos que enferman.

CAPÍTULO 6

Limpieza corporal y bucal

I. HIGIENE CORPORAL

El baño diario. Se recomienda utilizar un filtro de agua para toda la casa o bien un filtro para la regadera, con el fin de evitar el contacto de la piel con el cloro y así evitar también alergias dermatológicas en personas que son sensibles al cloro. De preferencia usar jabón de glicerina o jabón neutro de avena o sábila. Existen en el mercado jabones de glicerina con diversas presentaciones, mientras sean 100% naturales pueden usarse. El shampoo debe de ser 100% natural y sin químicos, también se consiguen en las tiendas naturistas. Se recomienda usar estropajo de fibra vegetal (como las esponjas de algas) para permitir una abrasión de la piel y limpiar diariamente los poros que se llenan de impurezas y no permiten la respiración adecuada de la piel.

La piel es el tercer riñón y el tercer pulmón, es por eso que debemos de mantenerla limpia para que sus canales de eliminación y absorción permanezcan permeables y libres de tóxicos. Por la piel se eliminan moléculas de metales y minerales pesados que no pueden eliminarse normalmente por riñón. La piel de las plantas de los pies contiene los poros más grandes de todo el cuerpo, de hecho sus poros son diez veces más grandes que el del resto de la piel. De ahí se deduce que los pies mal olientes después de una jornada son debidos a que la eliminación de los tóxicos por ese canal es más activa. Con este hecho se entiende que por las plantas de los pies pueden eliminarse las moléculas más grandes y más pesadas de tóxicos que circulen en sangre. Es por eso que aprovechamos esta circunstancia y aceleramos el proceso de limpieza con un baño ionizante de pies mediante un aparato ionizador especial para hacer SPA de los pies. El aparato se llama Cancún Foot SPA y provoca una limpieza acelerada. Este aparato es costoso (por eso se recomienda para una limpieza más profunda y avanzada). Para una limpieza profunda de la piel lo ideal es hacer baños de tipo sauna, de vapor o de calor. Las personas hipertensas y con problemas cardiacos deben de consultar con su médico antes de hacer baños saunas.

II. HIGIENE BUCAL

Limpiar nuestros dientes y nuestra boca después de comer mantiene saludable nuestros dientes. Después de los 22 años y ya con las muelas del juicio o cordales brotadas, los dientes que tenemos son permanentes y son los únicos que tenemos de por vida, así que lo mejor es cuidarlos correctamente.

Cepillar bien nuestros dientes ayuda a evitar las caries y el mal aliento. Sin embargo, no recomendamos que utilicen pasta de dientes "normal" o "regular" ya que la mayoría de las pastas de dientes tienen *fluoruro* y, aunque los dentistas lo recomiendan, estudios recientes lo relacionan con *hipotiroidismo y obesidad*. Para muchas personas con obesidad por hipotiroidismo, el simple hecho de no usar pasta de dientes con fluoruro les ayuda a restaurar su salud. Recomendamos pasta de dientes con sábila o con bicarbonato de sodio y sin fluoruro. El fluoruro roba yodo a la glándula tiroidea y de ese modo no produce suficiente hormona tiroidea que sirve para quemar grasa y acelerar el metabolismo. Es muy posible que el fluoruro sea una pieza importante en el rompecabezas de las causas de la epidemia de sobrepeso que vivimos actualmente tanto en México como en EUA. Si usted coloca en el sistema de búsqueda en el internet las palabras *hipotiroidismo* e *intoxicación por fluoruro* verá que los síntomas son casi los mismos.

Hace poco escuché un reportaje sobre las caries en los niños. Refiere que el 94% de los niños tienen algún tipo de caries. Para mí lo que significó fue que el 94% de los niños tienen una inadecuada nutrición o higiene bucal, es decir, si 94 de cada 100 niños padecen de caries, entonces la nutrición de nuestros países es muy deficiente.

En el 2009, año en que empecé a escribir este libro, *declaré al azúcar blanca y refinada como el invento más pernicioso para la salud de la humanidad*. México ocupa el primer lugar en el mundo en el consumo de refrescos de cola que no solo tienen más de 10 cucharadas de azúcar cada uno sino también ácido fosfórico que ayuda a descalcificar huesos, cartílagos y dientes. Entre muchas otras cosas el azúcar es la causa primaria de tanta caries en los infantes. Agregue a este infortunio el hecho de que el dentista le cubre las caries a los niños con amalgamas de plata-estaño-mercurio y que el mercurio es tan tóxico que sus frascos tienen la leyenda que dice: "peligro, veneno".

En general, los cuidados que debemos tener con la boca son:

- ❖ Visitar al dentista

- ❖ Higiene diaria

- ❖ Eliminar toda clase de metales

- ❖ Eliminar las muelas del juicio

- ❖ Eliminar raigones

A.- VISITA AL DENTISTA

Cuando visites a un dentista estas son las cosas que debes pedirle, según mi experiencia, para que te ayude a restaurar tu salud. Aunque las visitas al dentista normalmente no son baratas, debes de considerar que es más caro estar enfermo y no sanar que invertir en limpiar tu boca de mercurio y otros tóxicos.

1. Cambiar todas las amalgamas por resinas.

2. Cambiar todas las piezas de porcelana con base metálica por base sin metal, ya sea de cerámica, circonia (circonita) o vitro cerámica.

3. Cambiar todos los puentes metálicos por puentes de acrílico.

4. Cambiar todas las coronas metálicas por coronas de porcelana con base sin metales, como la circonita o circonia.

5. Corregir caries obturando dientes con resinas. Obturar endodoncias con resinas.

6. Cambiar las espículas de metal de las endodoncias por resinas, en las endodoncias ya presentes.

7. Extraer raigones (raíces de dientes que ya se cayeron y que están regularmente infectadas).

8. Verificar la presencia o ausencia de sus muelas del juicio.

9. En ausencia de cualquiera de las cuatro muelas del juicio, practicar una radiografía panorámica de la

boca o bien solo las radiografías individuales que se requieran.

10. Si las muelas del juicio están presentes, cualquiera que sea su situación, lo ideal es extraerlas.

11. Si las muelas del juicio no brotaron y se encuentran incrustadas en el hueso del maxilar superior y/o inferior, entonces un cirujano maxilofacial puede encargarse de extraerlas mediante una cirugía.

El 80% de los dentistas no saben que estas recomendaciones son importantes para recobrar la salud. Si el dentista no está en disposición de realizar este tipo de trabajos, no discutas con él, respeta su opinión, aunque no la comparta, y lo mejor es que busques un dentista que si lo haga y además tenga experiencia.

B. CORDALES O MUELAS DEL JUICIO

Las muelas del juicio y los problemas de salud que provocan.

❖ En México les llamamos **"muelas del juicio"**,

❖ En el Caribe y Centro América les llaman **"cordales"**

❖ Y los dentistas técnicamente les llaman **"terceras molares"**.

1.- ¿Qué son las terceras molares?

Las terceras molares, llamadas también "Muelas del Juicio" en México y "Cordales" en el Caribe y Centroamérica, son las últimas muelas que deben de brotar a más tardar a los 22 años de edad e inician su brote a los 18 años. Según mi experiencia, en México, por tradición, les llama "muelas del juicio" porque después de cierta edad si no habían brotado entonces la persona era propensa a "perder el juicio" frase coloquial esta que significa "perder la razón". En el Caribe y en Centroamérica es muy posible que les llamen "cordales" por su estrecha relación con la salud del corazón, porque en algunas personas con terceras molares mal brotadas o posicionadas presentan síntomas cardiacos.

2.- ¿Qué clase de problemas de salud me pueden ocasionar las terceras molares o muelas del juicio?

La información que van a leer ahora con respecto a los problemas de salud que pueden causar las muelas del juicio los he recopilado de la Odontología Neurofocal Alemana y mi propia experiencia. Noventa y ocho de cada cien personas desconocen lo que van a leer ahora. Si deseas confirmar o revisar con más detalle este tipo de información utiliza el internet y coloca en la búsqueda "odontología neurofocal". Los americanos lo manejan con las palabras en inglés "free mercury dentistry" que puede traducirse como odontología libre de mercurio. La boca es la "caja de fusibles" del cuerpo y cada diente es una resistencia eléctrica o un fusible en el sentido físico de la palabra. Trastornos en los dientes causaran trastornos eléctricos en el cuerpo. Esto no es enseñado en las escuelas de medicina y mucho menos en odontologia.

Veamos ahora la lista de problemas que podrían causar las muelas del juicio:

a) **La tríada del juicio**. Este es el nombre que el Dr. Salinas designó para los tres síntomas más frecuentes de padecer por presentar muelas del juicio o cordales mal posicionadas, a saber:

  ◆ FATIGA CRÓNICA, NECESIDAD DE DORMIR TAMBIÉN DE DÍA.

- LUMBAGO, DOLOR DE ESPALDA BAJA O CINTURA.

- DOLOR DE CERVICALES, CUELLO O CABEZA.

b) La fatiga crónica (cansancio) se puede llegar a convertir en DEPRESIÓN SUPERFICIAL MEDIA Y PROFUNDA.

c) Exceso de sueño o hipersomnia.

d) Migrañas.

e) Ciática.

f) Ansiedad.

g) Fobias (miedo a las alturas, a lugares abiertos o cerrados, a que la gente hable mal de la persona, etc.)

h) Pérdida de la noción del tiempo y la memoria

i) Pseudoesquizofrenia. Alucinaciones visuales y auditivas (oír voces y ver cosas que los demás no ven).

j) Pseudoepilepsia.

k) Síntomas cardiacos (palpitaciones, dolores agudos de pecho).

l) Sincopes (desmayos).

m) Problemas dermatológicos raros.

n) Infertilidad femenina y masculina.

o) Abortos frecuentes.

p) Amenorrea (perdida del proceso menstrual).

q) Problemas endócrinos de toda índole (hipotiroidismo, hipertiroidismo, prolactinoma con exceso de prolactina, síndrome premenstrual y pre menopáusico etc.).

r) Pterigion (carnosidad ocular) y cataratas.

s) Neuralgia del trigémino.

t) Problemas circulatorios con parestesias (adormecimiento de extremidades).

u) Conductas violentas, asesinatos sin sentido como matricidios, parricidios, filicidios, infanticidios etc.

Aquí ya están enlistados 21 problemas.

¿Por qué las muelas del juicio podrían causar tantos problemas? Simple, ellas ya no caben en nuestras mandíbulas y en nuestro maxilar inferior. Es una prueba de que la evolución de hombre existe como un hecho real. Hace diez mil años el hombre empezó a cocinar con fuego y con la llegada de herramientas el hombre molió los alimentos y su industrialización permite al hombre masticar menos y comer más. Al utilizar menos los maxilares para la masticación entonces se empezaron a reducir de tamaño. Órgano que no se usa se atrofia. Y así la mandíbula y el maxilar superior se encogieron y ya no tienen espacio para que la muela del juicio pudiera brotar correctamente.

El contacto del diente duro, cordal, con el nervio facial y trigémino hace que la masa densa y dura del diente atraiga electrones del nervio, robándole energía al cerebro y deprimiéndolo a tal grado que causa muy diversos trastornos y por eso la presencia de las muelas del juicio causan tantos síntomas nerviosos como fobias, depresión, dolores de cabeza y columna. Nuestro cerebro es un bio computador y la falta de energía eléctrica del mismo provoca que no compute correctamente causando trastornos del pensamiento o fatiga crónica.

Pasemos ahora a la limpieza del colon, el hígado y a sangre.

CAPÍTULO 7

Limpieza del colon

Por lo extenso del capítulo de limpieza, el primer paso para decirle adiós a las enfermedades en tres pasos naturales, lo hemos dividido en tres partes. Ya vimos en la primera parte información general sobre limpieza y la segunda parte la limpieza corporal y bucal. En esta segunda parte continuamos con la limpieza del colon y la importancia del agua como elemento o vehículo eliminador de tóxicos, así como también la limpieza del hígado, la sangre y todos los órganos.

III. LIMPIEZA DEL COLON.

El colon o intestino largo, se puede limpiar de tres maneras:

A.   Con agua (Hidroterapia).

B.   Con alimentos ricos en fibra vegetal (vegetarianismo).

C.   Con plantas medicinales (Fitoterapia).

A.- Limpiando el colon con agua.

El colon y el hígado lo puedes limpiar tomando de *un litro a litro y medio de agua alcalina en ayunas* (de manantial o de pozo hervida). Existe una marca en Durango que se lama *"Manantial®"* (pH 7.2) y es la única marca de agua purificada que conozco en todo Durango y otra que proviene del Estado de México que se llama *"Santa María®"* que son alcalinas, aunque estoy seguro, debe de haber más marcas locales a lo largo y ancho del país. En Guadalajara existe otra marca que se llama "Newton wáter®" que no es agua purificada de uso diario, básicamente es agua filtrada especialmente para alcalinizarla y se usa con fines terapéuticos. También existen marcas extranjeras de agua de manantial, entre ellas destacan Evian® de Francia, (pH 7.2), Fiji® de las islas Fiji, (pH 7.5) que se consiguen en grandes supermercados y en los EUA se consiguen facilmente. En los EUA la marca Pure American® tiene un pH de 7.2 y es la más económica porque es local, del país, y no paga tanto transporte. La manera más económica de conseguir agua alcalina e incluso antioxidante es instalando en casa un filtro alcalino como el que el autor ha desarrollado con la ayuda de expertos en la materia. La gran desventaja de las aguas alcalinas embotelladas es que su recipiente de plástico libera plásticos químicos adversos para la salud con el calor de un día soleado.

El agua se toma una hora antes del desayuno, en cantidades que varían de medio litro (para mantener limpio el colon o para mantener su peso) a litro y litro y medio (para bajar de peso o limpiar el colon). Básicamente la finalidad es que haga un efecto laxante suave. El agua arrastra las inmundicias hacia afuera mecánicamente y por gravedad. Lo natural es tomar agua de manantial o de pozo que son normalmente alcalinas por la cantidad de electrolitos (minerales) que tienen. Agua purificada es agua muerta, sin nutrientes, sin minerales, sin vida. Adamas es agua acida nociva para tu salud.

¿Qué es el pH?

Es el grado de acidez o alcalinidad de una sustancia. Las siglas pH significan "potencial de hidrogeno", es decir: cuanto hidrogeno hay en una substancia. El balance entre hidrogeno y oxigeno nos da un pH neutro de 7. Cuando predominan los minerales alcalinos y el O2 u oxígeno tenemos un pH alcalino mayor de 7 y su carga eléctrica es negativa. Cuando predomina el ion de hidrogeno entonces tenemos un pH de menos 7 entonces es ácido, como el ácido muriático, los refrescos de cola, el café y casi toda la lista negra de alimentos industrializados que se describen en el Cap. 17. Herramienta No 1.

Veamos la gráfica para entenderlo mucho mejor y más fácil:

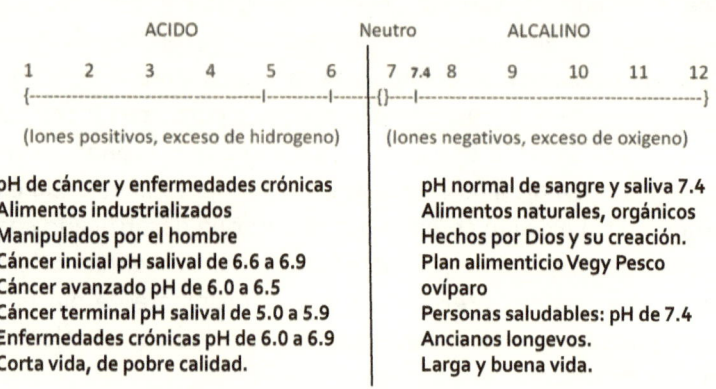

ACIDO						Neutro			ALCALINO		
1	2	3	4	5	6	7 7.4 8		9	10	11	12

{---------------------------------------|---------|----{}---|--}

(Iones positivos, exceso de hidrogeno)	(Iones negativos, exceso de oxigeno)
pH de cáncer y enfermedades crónicas Alimentos industrializados Manipulados por el hombre Cáncer inicial pH salival de 6.6 a 6.9 Cáncer avanzado pH de 6.0 a 6.5 Cáncer terminal pH salival de 5.0 a 5.9 Enfermedades crónicas pH de 6.0 a 6.9 Corta vida, de pobre calidad.	pH normal de sangre y saliva 7.4 Alimentos naturales, orgánicos Hechos por Dios y su creación. Plan alimenticio Vegy Pesco ovíparo Personas saludables: pH de 7.4 Ancianos longevos. Larga y buena vida.

¿Por qué agua alcalina?

El pH normal de nuestra sangre es alcalino y fluctúa alrededor de 7.4. Si alimentamos nuestros cuerpos con alimentos industrializados normalmente estos acidifican nuestro pH salival y de orina aunque el pH de la sangre se mantiene normal porque como mecanismo de defensa elimina ese acido por nuestras secreciones como la orina y la saliva o el sudor. Sacar del balance alcalino de nuestro suero en la sangre equivale a enfermarse. No considero que sea saludable el tomar aguas purificadas acidas, he tenido malas experiencias con pacientes de cáncer que no sanan por esa razón.

Puedes utilizar agua de pozo hervida que normalmente es el agua con la que nos criamos de niños en los años 60's. EL agua de pozo es mucho mejor que el agua purificada. La purificación del agua le ha robado los minerales esenciales. Y le ha quitado lo alcalino al agua convirtiéndola en acida. El agua acida no es buena para restaurar la salud de las personas. Una persona con cáncer o cualquier otra condición crónico degenerativa, por ejemplo, no podrá sanarse mientras esté tomando agua acida purificada. Esa es mi experiencia.

Cuando radicaba en Corpus Christi Texas, prefería traer agua del pozo o noria de la propiedad familiar de mi ciudad natal Cerralvo NL en México hacia los EUA. Los aduanales del lado americano se sorprendieron cuando vieron en mi camioneta 8 garrafones de 5 galones cada uno con agua de noria de México y me preguntaron si acaso el agua de los EUA no es buena. Hice esto porque su pH es de 7.2, con la misma o mejor calidad en minerales que la Evian® y sin pagar el flete de traerla desde Francia. Personalmente creo que hay que volver a las costumbres y remedios de mis abuelos. Al final de cuentas, ellos no conocieron a nadie de su generación con cáncer y vivieron muchos años y muy longevos. Por parte de mi papa, hubo tíos abuelos que vivieron entre 105 y 107 años.

¿Por qué limpiar el colon? Por lo regular las personas no saben que el colon va guardando capas de excremento seco, viejo y retenido por años. Estas capas no permiten una buena absorción de los alimentos y sus nutrientes, además que intoxican el hígado y la sangre porque de uno u otro modo, parte de esos desechos se absorben y pasan al torrente sanguíneo, enfermando a la persona y provocando diversos síntomas. El síntoma más común de estancamiento de heces fecales en colon es el *dolor de cabeza*. Así que si tú sufres dolores frecuentes de cabeza revisa tu colon, observa cuantas veces defecas por día y por semana. Lo normal es exactamente como les pasa a los bebitos: comen e inmediatamente defecan. Si comes tres veces por día, debes de defecar tres veces por día.

SI no lo haces así es porque no estás comiendo los alimentos naturales que debes de comer. Una vez empieces a comer ensaladas, vegetales cocidos, frutas, semillas, granos integrales y agua alcalina en suficientes cantidades, tu defecación se normaliza en un tiempo razonable (de una semana a tres meses según lo cargado o congestionado que este tu colon).

Para los que comen mucha carne y son adictos y afectos a la Dieta T, como buenos mexicanos, de TACOS, TORTILLAS, TAMALES, TORTAS y además tienen un vientre abultado (barriga grande), la mejor manera de limpiar su colon es hacer el Plan Alimenticio Naturista General (Cap. 17. Herramienta No 1) hacer la hidroterapia del colon del diario (tomar 1 litro a litro y medio de agua alcalina una hora antes del desayuno) y hacer la cena de almendras. Esta consiste en comer solo almendras, a llenar, por la tarde, a la hora de cenar, con suficiente agua. Personalmente, cuando ya no me veo la punta de los pies por mi barriga, hago esa dieta por una semana y bajo de 4 a 6 libras (de 2 a 3 Kilos). Lo primero que baja es precisamente la barriga.

Holísticamente hablando, el Dr. David Pesek, mi maestro de Iridología Holística, quien es un reconocido iridólogo y psicólogo internacional, discípulo y sucesor del finado Dr. Bernard Jensen, menciona que las personas con un colon congestionado tienen problemas emocionales relacionados con vivir en el pasado y no dejarlo ir. Así como retienen sus excretas, retienen también sus vivencias y no las sueltan. También menciona que estas personas tienden a la depresión. Tengo la fortuna de ser uno de sus discípulos de Iridología Holística y lo más interesante de este sistema es que es el único método natural que a través del estudio del iris del ojo podemos saber la constitución genética de la persona, si es fuerte, débil o regular; podemos saber la herencia física de los padres, la situación actual de órganos y tejidos e incluso las emociones que han acompañado a la persona a través de toda su vida. Este increíble método permite ver el pasado, el presente y el posible futuro de la persona en cuanto a carga hereditaria, salud física y emocional se refiere.

Hidroterapia de colon por arriba, por boca:

Limpieza de Colon: con agua alcalina. En el año mil después de Cristo, el mejor médico del mundo en su época, el Doctor Avicena, quien vivió en el área de Irán, conocido como el príncipe de los médicos, recomendaba a todos sus pacientes limpiar sus intestinos mediante un remedio simple: tomar litro y medio de agua pura en ayunas en una sola toma, una hora antes del desayuno de tres a seis semanas según el grado de intoxicación que tenga la persona. Si la persona no está acostumbrada a tomar gran cantidad de agua puede iniciar la toma con un cuarto de litro de agua el primer día, medio litro el segundo día, tres cuartos de litro el tercer día, un litro el cuarto día, un litro y cuarto el quinto día y litro y medio de agua a partir del sexto día en delante.

Para las personas que están acostumbradas a tomar agua pueden iniciar tomando medio litro de agua el primer día, un litro el segundo día y un litro y medio a partir del tercer día. El efecto que se obtiene es el de un *laxante suave* casi de inmediato (primeros 30 minutos), limpiando el colon en forma natural y sin el uso de drogas de patente. Yo le llamo el efecto toilette, porque es como si fueras a la taza del baño, defecas y luego bajas la perilla que suelta el agua que por gravedad va a arrastrar las excretas y sacarlas de tu casa por el drenaje. Así, el litro de agua que tomas en ayunas, es un kilo de agua que arrastra hacia afuera cierta cantidad de desechos.

Las personas de corta estatura o chaparritos pueden hacer la limpia del colon con un solo litro de agua y los de estatura mediana hasta litro y medio. Los muy altos pueden tomar un poco más, pero no deben de exceder de dos litros en ayunas. Las personas que toman más de dos litros de agua en todo el día y no hacen ejercicio y no son muy altos, normalmente están sobrecargando el cuerpo de agua y suben de peso. Lo ideal es un litro en ayunas y el otro medio o un litro durante el día. Claro que si hacen ejercicio pueden tomar un poco más. También cambian los requerimientos si el clima es frio (menos agua) o hace calor (más agua).

Hidroterapia de colon por abajo, por el recto:

Esta limpieza de colon se le conoce en México vulgarmente como **lavativa o enema**. Es lo que nuestras abuelas hacían tiempo atrás, lo acompañaban de un purgante (normalmente usaban aceite de ricino) y lo hacían casi cada mes. Mis abuelos no conocieron personas de su generación que hubieran muerto de cáncer. El cáncer es una enfermedad moderna y es causado mayormente por la industrialización de los alimentos, ellos no consumían alimentos industrializados, simplemente porque casi no existían. Como ya mencione, mi padre tuvo tíos abuelos que vivieron 105 y 107 años en Nuevo Laredo Tamaulipas. Ellos tenían esas tradiciones que los conservaban sanos y longevos.

Los enemas o lavativas se recomiendan cuando hay estados febriles o enfermedades degenerativas y mortales como el cáncer. También cuando el vientre está demasiado abultado y la persona enferma necesita resultados más o menos rápidos. La frecuencia puede variar de una a tres veces por semana en personas que no están graves pero si están enfermas hasta todos los días 1 o 2 veces por día de 6 a 12 semanas en personas con cáncer avanzado. Normalmente se observan buenos resultados después de 6 semanas en personas con cáncer, en otras enfermedades se observan buenos resultados en mucho menor tiempo.

Enema Clásico de Limpieza de Colon:

La escuela clásica de Naturismo del Dr. Manuel Lezaeta Acharan recomienda primero lavar el colon (por enema) con pura agua (que sea filtrada y sin cloro). Se introduce por el recto una cánula de más de 4 pulgadas, la cual va unida a un tubo de hule y este a su vez se conecta a un depósito de agua filtrada. La cantidad de agua varía desde una taza de agua en un niño hasta un litro o dos en un adulto. El enfermo se recuesta del lado derecho para una limpieza profunda del colon. En casos graves, acompañados de estreñimiento y fiebres, pueden hacerse dos o más lavativas por cada 24 horas. Cuando el colon está muy congestionado o no está limpio se recomienda iniciar con medio litro de agua, que va a ser expulsado rápidamente por el paciente. De inmediato se aplica otro litro más de agua, con el que esperamos una abundante descarga de excrementos, así la fiebre también bajará junto con la intoxicación de materias pútridas intestinales.

B.- Limpiando el colon con fibra vegetal.

La fibra vegetal tiene la capacidad en el colon de ayudar a activar el movimiento peristáltico de sus músculos y de ese modo ayuda a defecar o expulsar las excretas correctamente. Mis recomendaciones sobre la fibra vegetal son muy simples:

- *Cenar un plato de ensalada cruda todos los días.* Aderezarla con aceite de olivo, puro, extra virgen y prensado en frio, sin vinagre, con limón y sal de mar. Si no estás acostumbrado a un plato de ensalada, inicia con una cuarta parte de la porción o una pequeña porción y luego vas subiendo la cantidad hasta que sea un plato diario. Esto para que tus glándulas digestivas del estómago, páncreas e hígado se acostumbren a digerir la fibra y no te provoque gases o distensión del estómago.

- *Comer un plato de vegetales cocidos al vapor todos los días.* Cocer al vapor los vegetales les conserva sus nutrientes más que asarlos o freírlos. También se debe de iniciar con pequeñas porciones. No utilice mantequilla ni lácteos para aderezarlos.

- *Comer avena integral (completa), semilla de linaza, trigo integral o cualquier otro cereal integral del diario.* Los cereales integrales contienen mucha fibra vegetal. Se preparan con agua, se cocinan, se endulzan con miel de abeja natural y se le da sabor con fruta natural. Se recomienda que la persona tome 3 a 4 vasos de agua de 8 onzas durante el día para que la fibra tenga movimiento suave y sin causar cólicos. De hecho evita que la misma fibra se estanque en el colon. Agregue a la avena o a la linaza cocida en agua (nunca en leche de vaca) una cucharada sopera de salvado y otra de germen de trigo. También se pueden cocer en leche de almendras, avena, arroz o de coco.

- *Comer un puño diario de semillas secas:* nuez, almendras, cacahuates, pepitas de calabaza, amaranto, ajonjolí, etc. Acompañarlo con agua alcalina o de manantial.

- *Utilizar una mezcla de linaza con nopal o sábila y/o cascara sagrada.* Se prepara con agua, se endulza con miel y se le da sabor con fruta natural. Esto tiene un poder laxante muy bueno y para algunas personas muy fuerte.

- *Tomar dos cucharadas de fibra antioxidante: SAYIL©,* Contiene alfalfa, pasto de trigo, semilla de uva y de linaza y otras fuentes de proteína y fibra. Se preparan dos cucharadas en jugo de fruta natural o en leche de almendras; se toman dos veces al día con el desayuno y la comida.

C. Limpiando el colon con plantas o suplementos herbales.

Existen en el mercado de plantas o suplementos herbales, algunas que son laxantes. Algunas de las cuales funcionan como laxantes suaves y otras como purgantes. Puesto que el manejo de plantas laxantes o purgantes es delicado, recomiendo consulte a un profesional de la salud en medicina alternativa antes de iniciar cualquier tratamiento con laxantes o purgantes. Personalmente, nunca he recomendado purgantes en mis 25 años de ejercicio de la profesión. La razón es muy simple, es más importante que logres tener dos o tres evacuaciones diarias que tener un día completo de evacuaciones (diarrea provocada por purgantes) cada semana o cada mes.

Los laxantes que más recomiendo son la *hoja de sen y la cascara sagrada*, aunque no recomiendo que dependan de ellos todo el tiempo. Es para uso temporal solamente ya que, corrigiendo la dieta e integrando las fibras y el agua antes mencionadas, se espera que se corrijan el estreñimiento crónico o agudo. La hoja de sen se utiliza a dosis muy pequeñas, una pisca de dos dedos por una taza de agua caliente para una adulto regular. Si te pasas de la dosis pudiera darte cólicos o dolores abdominales muy fuertes y esto pasa también si no tomas agua suficiente para humidificar las heces.

Nuestras abuelas nos desparasitaban cada mes con estafiate o chaparro amargo y luego nos aplicaban un purgante fuerte como el aceite de ricino para desintoxicarnos y limpiar el colon. Creo que si cambiamos radicalmente nuestra manera de comer no requeriremos de purgantes que más bien pudieran servir en casos graves o de emergencia.

CAPÍTULO 8

Limpiar
El hígado, la sangre y los órganos

IV. LIMPIEZA DEL HÍGADO.

Para limpiar el hígado de tantos elementos tóxicos acumulados por años de malos hábitos alimenticios es necesario primero limpiar el colon. No se podría limpiar el hígado sin limpiar el colon porque del colon es de donde el hígado toma tanto los nutrientes como los elementos tóxicos. Ya mencionamos en la sección anterior como puedes limpiar el colon.

Con el fin de ayudar a desintoxicar tanto el hígado como el colon, desarrollé hace mas de 10 años EL PLAN ALIMENTICIO DESINTOXICANTE Y REDUCTIVO DE 7 DÍAS, descrito con detalle en el MENÚ 3 (Cap. 17. Herramienta No 6) esta es una dieta especial que sirve tanto para limpiar el hígado como el colon, así como también, el resto de los órganos y la sangre.

El hígado es el órgano macizo más grande de todo el cuerpo. Es así porque es el filtro de nuestro organismo. Dios Padre nos dio un hígado para vivir 120 años o más y, desafortunadamente, nos lo acabamos cerca de los 40. Los jóvenes que abusan de los alimentos industrializados y no sienten nada es porque el hígado, que tiene capacidad de filtración de 120 años, acelera su capacidad de filtración y a los 40 años, cuando el hígado se satura y se acabó el crédito de 120 años, entonces el hígado, que ya se encuentra lleno de toxinas, empieza a pasar los tóxicos sin filtrar directo hacia la sangre y de ahí hacia los órganos, es entonces cuando los síntomas de envejecimiento prematuro y de enfermedades crónicas y degenerativas empiezan a aflorar.

"Pero si yo comía de todo y nunca me enfermaba" dicen algunos. Es porque el hígado estaba filtrando hasta que te lo acabaste, llenaste el filtro de tóxicos y ya no filtra bien. Además el hígado metaboliza y convierte el azúcar o carbohidratos en colesterol o grasa, almacena vitaminas y minerales entre muchas otras funciones más que no vamos a describir por no ser de la prioridad de este libro.

Holísticamente se le relaciona al hígado, la vesícula y la bilis con la emoción de los corajes y el rencor. A una persona corajuda se le dice que es bilioso. A veces la vesícula y el hígado se inflaman y la persona se torna corajuda o bien al contrario, una persona que hace corajes a menudo inflama su hígado o vesícula biliar. He observado que personas que abusan de alimentos condimentados en exceso, particularmente de la pimienta, son propensos a los corajes.

Otra manera tradicional de limpiar el hígado es tomando una cucharadita de aceite de olivo, puro, extra virgen y prensado en frio, cada hora por todo un día y al final de la noche tomar el jugo de 5 limones, acostándose sobre el costado izquierdo y no moviéndose por una hora. Esto puede ayudar a arrojar piedras en la vesícula (corajes retenidos diría un médico holístico). Otro día por la mañana se toma una cucharada de aceite de ricino para purgarse del colon y al mismo tiempo de la vesícula.

Una planta medicinal utilizada tradicionalmente para ayudar a limpiar el hígado es el boldo. El cardo lechoso o el extracto de la misma planta llamado leche de cardo es también muy recomendado para limpiar el hígado y la vesícula biliar.

V. LIMPIEZA DE LA SANGRE Y LOS ÓRGANOS.

Al limpiar el colon y el hígado se limpia la sangre y los órganos. Sin embargo, existen moléculas muy grandes de tóxicos que circulan en sangre y no salen tan fácilmente. Limpiezas avanzadas como los baños sauna, turco o de aguas termales son necesarias para sacar tóxicos de moléculas grandes. EL sudor del ejercicio también mantiene limpia no solo la sangre sino también los órganos.

Una limpieza acelerada seria la utilización de aparatos ionizantes para un baño de pies. Estos baños de pies se caracterizan por ionizar el agua con el paso de una corriente de muy bajo amperaje y voltaje. Los iones del agua (mezclada con un poco de sal de mar) se introducen en el cuerpo a través de los poros de la piel y se pegan a las toxinas (metales, químicos y biológicos) que luego, por osmosis inversa, pasan al agua de nuevo por los poros de la planta del pie que son 10 veces más grandes que el resto de la piel. Por ahí pueden salir moléculas de metales pesados (el agua queda negra como petróleo en personas propensas al cáncer o ya con cáncer) o bien pequeños parásitos que estén circulando en sangro o en linfa.

No hay que confiarse de ionizadores baratos, sus circuitos se queman fácilmente y las láminas ionizadoras son de plomo pudiendo causar más daño del que ya existe.

VI. PLAN ALIMENTICIO LIBRE DE ALIMENTOS QUE ENFERMAN.

Ningún sistema de limpieza del cuerpo pudiera estar completo y no sería efectivo si no eliminan de su dieta la lista negra de alimentos industrializados, fuente de la mayoría de tóxicos o sustancias perniciosas para la salud humana. Veinticinco años de investigación y trabajo buscando la solución para casi todas las enfermedades, me han llevado confeccionar esta lista. Tómala en serio si quieres tomar en serio tu restauración de la salud.

Tu salud depende de **no comer** o usar lo siguiente:

LISTA NEGRA
De alimentos y sustancias industrializadas
Malos para la salud.

ALIMENTOS QUE ENFERMAN

Ultra tóxicos (En extremo tóxico, lo más dañino)	*Híper tóxicos* (Muy tóxicos, muy dañinos)	*Tóxicos (moderadamente dañinos)*	*Hipo tóxicos* (Poco tóxicos, dañinos a largo plazo)
Productos enlatados (atún, frijoles, salsas, etc.)	Carnes rojas: res, carnero, cabrito, conejo, venado.	Sodas de dieta	leche, queso, mantequilla, crema, yogurt, **orgánicos**
Mariscos (camarón, pulpo, langosta, etc.)	Pollo y pavo	Azúcar de dieta	
Carne de Puerco	Papas a la francesa	Refrescos (SODAS)	Chicle
Carnes frías (jamón, salchicha, embutidos, salchichón, tocino)	Alcohol (cerveza, vino, licor)	Bebidas descafeinadas	Dulces
Puerco. Tocino, salami, salchichón.3	Tabaco, cigarrillos	Bebidas en polvo	Chocolates
Lácteos industrializados: Con hormonas, esteroides, antibióticos.	Desodorante con alcohol	Comida chatarra: Frituras	Azúcar morena clara y oscura
Leche	Shampoo con alcohol, no es alimento pero el alcohol se absorbe	Azúcar blanca refinada	
Queso	Mayonesa	Café descafeinado	Harinas blancas refinadas
Mantequilla		Café regular	Pastas refinadas
Crema	Comida rápida	Jalapeños y pepinos en vinagre	Galletas de harina blanca (de sal o azúcar)
Yogurt de leche de vaca		Margarina	Café de grano Cereales
Pizza			Té negro o verde
Huevos de granja con hormonas		Aceites vegetales hidrogenados o parcialmente hidrogenados	Sal de mesa regular (aluminato de sodio)
		Pasta dental regular con fluoruro	Agua de la llave. Agua purificada.
		Cereales fríos (de caja, para usarse con leche fría)	Hielo

Los he agrupado, según mi experiencia, de mayor (ultra tóxicos) a menor (hipo tóxicos) grado de intoxicación, de arriba hacia abajo, con fines de que te des cuenta que tan intoxicado estas con tus alimentos.

Supongamos que ya limpiaste tu cuerpo de metales pesados en tu boca, de materias de desecho fecal en tu colon, de tóxicos acumulados en el hígado, de toda clase de elementos de desecho y químicos en la sangre. Ahora debes de alimentar correctamente tu cuerpo dándole los nutrientes que funcionaran como refacciones para poderlo reparar.

Pasemos ahora a la segunda parte de este libro. Veamos lo que es la buena nutrición.

Segundo paso:
Nutrir

CAPÍTULO 9

La mala nutrición: alimentos cadavéricos

NUTRICIÓN:

Nutrición es la provisión de alimentos o los materiales necesarios a las células y organismos que sirven para sostener o sustentar la vida. La nutrición y sus elementos nutrientes, que dan vida, no solo los adquirimos mediante la alimentación, también en la respiración y de otros recursos como veremos más adelante.

Existen dos tipos de nutrición: la buena y la mala. Ambos tipos los adquirimos a través de la alimentación. Todos comemos, todos nos alimentamos, pero no todos nos nutrimos correctamente. Todos nos alimentamos, pero no todos le damos al cuerpo los nutrientes naturales necesarios para tener óptima salud y bienestar. La mala nutrición la adquirimos al comer de la lista negra de alimentos que presenté en el capítulo anterior de limpieza. La buena nutrición la adquirimos al comer de la lista de alimentos sanos, naturales y nutritivos que están en la lista blanca de alimentos que sanan que presento en el Cap. 17. Herramienta No 1)

Los alimentos naturales y nutritivos los podemos agrupar de la siguiente manera:

a. AGUA ALCALINA

b. VEGETALES: crudos y cocidos

c. FRUTAS, miel de abeja y de maguey (agave).

d. GRANOS: semillas secas, cereales y leguminosas.

e. HUEVO orgánico.

f. PESCADOS solamente de escama.

Mi régimen alimenticio, y el que le recomiendo a todos mis seguidores, es muy sencillo. Visto desde el punto de vista de los grupos de alimentos anteriores: agua, vegetales, frutas, granos, huevo y pescados, esto es lo que está en la lista blanca. Este plan alimentario no es 100% vegetariano, lo puedo definir como vegetariano, ovíparo y pescadívoro. Por años he tratado de encontrar una sola palabra para definirlo, hasta que mi hija Alejandra lo definió como

Vegypescoovíparo

Porque permite comer vegetales (vegy) pescado (pesco) y huevo (ovípara). Lo importante es que *no es carnívora* (carnes), *lactívoros* (lácteos) ni *chatarrívora* (otra palabra que me invente para describir la dieta que permite comer toda clase de comida chatarra).

Mi hija Alejandra a los 13 años de edad bautizo la dieta en inglés como:

Eggfishvegeterian
(huevo-pescado-vegetariana en español)

En el capítulo 13 de los alimentos provenientes de la tierra veremos a grandes rasgos las características de los alimentos que nos dan buena nutrición. Por lo pronto veamos los alimentos que nos proporcionan una mala nutrición y por lo tanto propician las enfermedades.

LA MALA NUTRICIÓN.

Mala nutrición es lo que comes y no te nutre, te hace daño. Es lo que comes y te enferma, lo que comes y te envejece prematuramente. Mala nutrición es lo que comes y no te sustenta, no te da energía suficiente para tener una buena calidad de vida. La mala nutrición también te da vida, pero de mala calidad y en poca cantidad en años.

En tiempos pasados se manejaba mucho (y aun se maneja en los países subdesarrollados) el concepto de desnutrición. Desnutrición significa que por falta de alimentos en cantidad suficiente, la persona pierde peso, talla y masa muscular en forma importante. Los más afectados en los países pobres son los niños y adolescentes en desarrollo y crecimiento. La diferencia entre la mala nutrición y la desnutrición está en el peso de la persona. Una persona desnutrida invariablemente tendrá una pérdida de peso y masa. Una persona mal nutrida puede estar desnutrida, con peso bajo o puede estar obesa, con exceso de peso. Mala nutrición solo significa comer mal, si es en pobre cantidad provoca desnutrición, si es en pobre calidad provoca obesidad y muchas otras enfermedades. Veamos:

	En pobre cantidad y calidad provoca DESNUTRICIÓN. Países pobres.
MALA NUTRICIÓN:	
	Pobre calidad y gran cantidad: OBESIDAD, cáncer, enfermedades crónicas. Países ricos y pobres. Países ricos.

Puesto que la inmensa mayoría de los seres humanos nos hemos retirado de la dieta del génesis, es decir, de la alimentación para la cual fuimos creados, buena parte de la humanidad padece de mala nutrición.

> *"Y de toda planta que da semilla, que están esparcidos sobre toda la tierra y de todo árbol que da fruto y que da semilla, os serán para comer"*   Génesis 2.29.

Los países pobres están con desnutrición, enfermedades infecciosas y los ricos con sobrepeso, alta presión, diabetes, artritis, alergias, cáncer y muchísimas enfermedades más. En una de mis conferencias favoritas "El diseño natural de Dios Padre para la salud del hombre" explico con detalle las bases bíblicas y científicas (las cuales coinciden perfectamente) del cómo y por qué los seres humanos no estamos diseñados para comer carne de animales con sangre, lácteos y sus derivados, alimentos industrializados, refinados y lo peor de todo con químicos.

La lista negra de lo que no debemos de comer porque nos dan mala nutrición, la podemos agrupar de la siguiente manera:

Todos son ALIMENTOS INDUSTRIALIZADOS:

A. CADAVÉRICOS: res, puerco, cabrito, carnero, conejo, pollo, pavo, venado, mariscos.

B. LÁCTEOS: leche, queso, mantequilla, crema, yogurt, requesón. mayonesa, margarina.

C. INDUSTRIALIZADOS: azúcar, harina, café, pan blanco, pan dulce, cereales fríos de caja, jalapeño y pepinos en vinagre, comidas enlatadas.

D. COMIDA CHATARRA: dulces, chicles, chocolates, sodas, papitas, piza, frituras, etc.

En mi experiencia, estos alimentos son la causa de la mayor parte de todas las enfermedades. En uno de mis seminarios explico cómo cada uno de ellos está relacionado con alguna enfermedad y el porqué. Lo mejor es no comerlos si queremos restaurar nuestra salud y bienestar. Habrá muchos profesionales de la salud, e incluso autoridades, que no estén de acuerdo con esta lista, porque la mayoría de ellos son carnívoros y lactívoros (los que comen o toman lácteos), sin embargo, tienen derecho a discrepar, así como yo tengo derecho a expresar mis experiencias profesionales, para tratar de ayudar al prójimo a restaurar su salud. Si no están de acuerdo, en lugar de armar una campaña de desprestigio en mi contra, mis colegas deberían de armar un protocolo de investigación y someterlo a una universidad para que comprueben o desacrediten mi trabajo. Es muy fácil atacar cuando se ignoran los hechos; es más difícil investigar la verdad. Lo que aquí expongo son mis 25 años de experiencia, el que quiera beneficiarse que siga mi plan alimentario. El que no esté de acuerdo que siga comiendo lácteos y cadáveres putrefactos, que siga envejeciendo prematuramente y enfermándose de enfermedades crónicas y degenerativas, cada quien hace con su cuerpo lo que le guste pero, por favor, respeten la decisión de la gente que decide y escoge ser y estar saludable a través de una buena y natural alimentación.

En mi familia somos 6 hermanos. Mis 5 hermanos y hermanas son carnívoros. Ellos respetan mi plan alimenticio, aunque no lo comparten, yo respeto su manera de comer aunque no la comparto, no peleamos por eso. Así también, reconozco que la mayoría de mis colegas médicos son carnívoros, yo respeto eso, solo pido que respeten mi posición aunque no la compartan del mismo modo que yo respeto la suya. Así viviremos en paz. Yo sólo pretendo que se beneficien de mi régimen los que quieran y los que no estén de acuerdo, que sigan comiendo carne ya que cada quien es libre y soberano de escoger lo que cree que mejor le convenga. A los hechos me remito. No conozco a nadie que comiendo cadáveres de animales con sangre se halla curado de diabetes, alta presión, artritis o cáncer; en cambio conozco miles que han resuelto sus problemas de salud con mi plan alimenticio naturista general.

En corintios hay un versículo que ejemplifica muy bien esto:

> *"De todo lo que se vende en la carnicería, comed,*
> *sin preguntar nada por motivo de conciencia""*
> Corintios 10.25

Dos versículos más arriba dice:

> *"Todo me es permitido, pero no todo me conviene.*
> *Todo me es permitido, pero no todo me edifica".*
> Corintios 10.23

Mi interpretación es que está permitido comer carne y alimentos industrializados, eso no te condena en el espíritu, pero si te condena en el cuerpo. No te conviene porque no te edifica, es decir, no te nutre y sobre todo no te permiten restaurar tu salud.

Las siguientes son las razones por las que no deberíamos de comer estos alimentos de acuerdo a mis 25 años de experiencia y más de 50 mil consultas.

A. **CADAVÉRICOS**: res, puerco, cabrito, carnero, conejo, pollo, pavo, venado, mariscos. Todo animal con sangre.

*Génesis 9.4: "pero carne con su vida, que es su sangre,
no comereis."*

Según mi experiencia, estas son las enfermedades que
podrían estar relacionadas con comer este tipo de alimentos:

*Artritis reumatoide, colesterol, hipertensión, obesidad,
parásitos intestinales, diarreas y estreñimiento. Infartos al
corazón y cerebro: embolias cerebrales, pérdida de la memoria,
envejecimiento prematuro. Canas, soriasis, eccema, granos en la
piel, acné, ulceras varicosas, diabetes, cáncer, lupus. Dolores de
cabeza y migraña. Adicción.*

Los alimentos cadavéricos, animales de sangre y sus
derivados arriba mencionados, pueden causar colesterol y
triglicéridos, alta presión y enfermedades cardiovasculares.
Además es la causa principal de artritis. También pudieran
causar estreñimiento, parasitosis intestinal, hemorroides,
colitis, gastritis, varices. Agregue los tan frecuentes dolores de
cabeza y migrañas. En mi experiencia, este tipo de alimentos
tienen relación también con cáncer (posiblemente por las
hormonas con las que alimentan estos animales).

En mis conferencias le llamo a la carne por su verdadero
nombre: carne de res es igual a cadáver de res, carne de pollo
equivale a cadáver de pollo. Carne la que tú tienes en tus
músculos porque está viva. Pero cuando se trata de nombrar
un tejido muerto y en proceso de descomposición, entonces
es cadáver de res o cadáver de pollo. Una vez que les des sus
verdaderos nombres y se descorra el velo de la ignorancia,
entonces podrás ver que si te alimentas de cadáveres y
animales que están en proceso de descomposición, que están
pudriéndose, entonces no te será difícil entender el porqué son
perjudiciales para tu salud y así dejar de comerlos. El simple
hecho de saber que son carroña putrefacta basta para que te de
nausea un pedazo de filete y evites comerlo.

En el 2002 consulté a una joven de 32 años, originaria
de Reynosa Tamaulipas, México. Su testimonio me impacto
muchísimo. Con ella aprendí lo tóxico y grasoso que son los

mariscos. Confesó que pasando sus vacaciones de verano en Cancún, una noche comió dos langostas (esos que parecen camarones gigantes), su platillo favorito. Esa misma noche tuvo un ataque de embolia cerebral y un ataque cardiaco que la dejó semiparalizada del lado derecho. Pareciera que la grasa o colesterol malo de una langosta se le fue a l corazón y el de otra langosta se le fue al cerebro. Cuando yo le atendí, caminaba con una andadera y con dificultades, tenía una prótesis en la pierna derecha, parálisis facial derecha, con un dolor tipo neuralgia del trigémino tanto en la cara como en la cabeza y su corazón estaba tan delicado que su cardiólogo le inserto un marcapaso.

Seis meses con Dieta naturista general, formulas exclusivas de plantas medicinales, suplementos alimenticios nutricionales, la aplicación mensual de la técnica Aurículo Analgesia (Adiós al Dolor®), limpieza de su boca (tenía muchos metales que le causaban la neuralgia), limpieza de su colon y de su sangre y esta joven pudo volver a caminar sin andadera, se liberó de todos sus dolores y lo que parece increíble pero es cierto, su cardiólogo le retiro el marcapaso.

De 41 mil casos o más que había atendido hasta entonces, este nunca se me olvida porque le aposte mi dedo meñique a su mamá, quien no creía en mi recomendación de que ya se retirara el marcapaso ya que estaba seguro que, en sólo seis meses, con mi régimen no lo necesitaría más. Para mí, su corazón y sus arterias ya se habían limpiado de grasa y lo mejor de todo, ya estaban restaurados. Acudieron a Monterrey N.L. y pidieron una revisión exhaustiva a su cardiólogo a instancias mías (en México soy médico con licencia) y ante la calma de la hija y la angustia de la madre, tres cardiólogos deliberaron por más de dos horas y determinaron que el marcapaso ya no era necesario y por lo tanto lo retirarían. La madre de esta joven me confesó que mientras los cardiólogos deliberaban, ella pensaba y le decía a su hija "pobre Dr. Salinas, lo siento por su dedito".

Tan seguro estoy de mi método que cometí la locura de apostar mi dedo meñique. Desde entonces ya no apuesto nada, el que quiera creer en mi régimen bien y si no cree, que Dios lo bendiga. Con miles de testimonios y tantas pruebas sólo me ocupo de los que sí quieren restaurar su salud y están dispuestos a hacer lo necesario para conseguirlo. Y tú, amable lector ¿Te quieres sanar? ¿Te amas a ti mismo lo suficiente para hacer lo necesario para sanar? ¿Estás dispuesto a cambiar tu dieta de carnívoro por la de pescadívoro o vegypescoovípara? Estoy seguro que tu respuesta es sí, de otro modo no habrías llegado a esta parte del libro. Así que continuemos aprendiendo qué alimentos nos brindan mala nutrición para luego estudiar los alimentos naturales y nutritivos.

CAPÍTULO 10

La mala nutrición:
lácteos, industrializados y chatarra

B. **LÁCTEOS:** leche, queso, mantequilla, crema, yogurt, requesón, mayonesa, margarina, aderezos con leche.

A continuación te menciono algunos de posibles problemas de salud que causan los lácteos, según mi experiencia: *Obesidad extrema, colesterol, alta presión, infartos al corazón y cerebro, sinusitis, asma, bronquitis y faringitis, artritis, deficiencias inmunológicas importantes, alergias de todo tipo, estreñimiento, sobrepeso, tumores benignos o malignos (cáncer), osteoporosis, candidiasis generalizada y diabetes I y II.* En 25 años le he preguntado a 50 mil personas lo que comen y lo que padecen.

Nada envejece a la gente más rápido que los lácteos. Estos *causan envejecimiento prematuro.* Muchos años me llevo llegar a esta conclusión. Mi propio envejecimiento prematuro a la edad de 40 años me hizo investigar más a fondo las causas del mismo y la conclusión a la que llegue fue que ***los lácteos me estaban envejeciendo prematuramente.*** La razón es muy simple pero escapa fácilmente a los letrados. La abundante grasa que existe en forma natural en la leche de vaca en forma de colesterol y triglicéridos se adhiere o pega a las paredes interiores de las arterias, provocando lo que se llama *arterioesclerosis o aterosclerosis*. Poco a poco y década a década vamos agregando una capa muy fina, al principio, de grasa a nuestras arterias del corazón, cerebro, piel y todos los órganos del cuerpo humano. Que después se va haciendo más y más gruesa. Esto va tapando nuestras arterias. Según la cantidad de lácteos que hayamos ingerido así será la cantidad de placa de grasa que tengamos adherida a nuestras arterias. A mayor ingesta de leche, queso, mantequilla o crema, mayores serán nuestros taponamientos arteriales. Esto disminuye el flujo sanguíneo y el aporte de nutrientes a las células, deteriorándolas, de allí el envejecimiento prematuro y la enfermedad.

Lo mismo sucede con la ingesta de cadáveres de res, pollo, pavo y puerco porque en ellos está el colesterol malo también. Particularmente el puerco y los mariscos son los que más grasa contienen, le siguen la res y luego las aves.

Las arterias se están tapando por dentro. La gente no me entiende el concepto muy fácilmente, hasta que les digo que traen queso pegado a las arterias; ahí caen en la cuenta de que están tapándose las arterias con queso y mantequilla. *EL taponamiento arterial causa que menos sangre circule por las arterias, así menos oxígeno circula también y menos nutrientes*. De ese modo, con menos oxígeno y nutrientes, *las células empiezan a envejecer primero, luego a enfermar para morir después*. He detectado que el primer síntoma de envejecimiento prematuro es la perdida de la memoria; el segundo podría ser la presencia de canas y el tercero la presencia de arrugas, aunque estos dos últimos normalmente aparecen simultáneamente. La explicación de estos síntomas es simple, hay menos entrada de oxígeno y nutrientes a las células, consecuencia del taponamiento arterial por grasa de la mala.

Los lácteos tienen cantidades enormes de grasa animal (colesterol del malo) que, además del envejecimiento prematuro, *causan enfermedades cardiovasculares*. La causa número uno de muerte en los países industrializados son precisamente las enfermedades cardiovasculares. Pero pocos las relacionan con la ingesta de carnes y lácteos. Para mí es muy obvia su relación. Son grandes las cantidades de grasa animal en forma de leche, queso, mantequilla o crema más la que contienen las carnes de animales con sangre (puerco, res, cabrito, carnero, pollo y pavo) y qué decir de los mariscos. Un coctel de camarones contiene tanto colesterol que el cuerpo humano tarda una semana para quemarlo.

Los lácteos tienen también demasiados *carbohidratos* en forma de *lactosa y galactosa*. Muchos diabéticos no saben que la leche les sube el azúcar. Nadie se los ha explicado. La lactosa y la galactosa son azucares complejos que suben el nivel de glucosa en sangre. Hasta ahora, casi todos los seguidores que he visto con diabetes tipo II que se inyectan insulina, consumen lácteos regularmente. Les retiro los lácteos y con suplementos herbales dejan la insulina en tres semanas o no más de tres meses.

Poca gente sabe que los *lácteos podrían ser la causa número uno del asma y de la artritis*. La leche tiene flema que el cuerpo tiene que echar fuera por los pulmones precisamente o por los senos para nasales, *causando sinusitis y bronquitis crónica*. Si un niño tiene tos con flema, lo primero que hay que hacer es retirarle la leche de vaca.

También los lácteos podrían ser la principal causa de todas las *alergias*. Primordialmente en las personas con el tipo de sangre A, B y AB porque podrían tener anticuerpos en contra de los antígenos de la leche. Muchas veces he declarado que la leche y sus derivados son los alimentos mas alergenicos del mundo.

Los lácteos industrializados (lo que se consigue en el mercado) contienen las hormonas con las que hacen que una vaca sin becerro produzca leche. Un veterinario compartió su conocimiento al respecto en una de mis conferencias públicas. Aunque no he tenido la oportunidad de corroborarlo, dijo que una vaca normal con becerro amamantando, produce 5 litros de leche diarios. Una vaca lechera, sin becerro, produce

25 litros de leche y esto gracias a una hormona química que se llama *Hormona de Crecimiento Bovino*. Mi teoría, sin comprobar aun, es que esta hormona de crecimiento bovino te hace crecer a ti también, pero no para arriba y si para los lados, te engorda. Otra de mis teorías sin comprobar aun, es que esas hormonas de crecimiento bovino podrían ser una de las causas de la epidemia de cáncer que se vive en los EUA y los países desarrollados. Si existiera la voluntad de encontrar la verdad, no importando que intereses económicos afecte, entonces ya habría protocolos de investigación dirigidos a esta teoría (porque no soy el único que relaciona los lácteos y sus hormonas con el cáncer).

El mismo veterinario confesó que para que la vaca produzca 35 litros de leche en un día y sin becerro le agregan esteroides. No sabemos a ciencia cierta qué efectos colaterales traiga esto, pero creo que podría tener relación con la epidemia de sobrepeso y cáncer que viven tanto México como los EUA. Por último, el veterinario dijo que, ilegalmente, algunos ganaderos agregan anabólicos (sustancias prohibidas por las olimpiadas) para hacer producir a la vaca poco más de 45 litros de leche en un dia.

Agregue a estos hormonales los antibióticos que le aplican a la vaca, porque los pezones de la ubre se ulceran e infectan con cierta frecuencia. Cuando tomas leche de vaca lechera o industrializada estas tomando sus hormonas artificiales y sus antibióticos. Estos te barren la flora intestinal o bacteria buena del colon que te protegía del crecimiento desmedido de la levadura de pan o *Cándida Albicans*, provocando así una CANDIDIASIS GENERALIZADA, con una veintena de síntomas entre los que destacan: envejecimiento prematuro, perdida de pelo, de memoria, de concentración, de energía vital, del ánimo, dolores abdominales, gases, estreñimiento, mal aliento, mal sabor de boca, decaimiento general, legua blanca, eccema cutáneo, infección urinaria y vaginal, ardor en la piel etc.

Al final de cuentas, cuando tu tomas leche, comes queso, mantequilla, crema, o yogurt, toma en cuenta que estas comiendo: grasa en grandes cantidades, azúcar en forma de lactosa y galactosa, hormona de crecimiento bovino, esteroides, anabólicos, antibióticos y los residuos de las infecciones.

La leche es para los bebitos y para los becerritos. Ningún mamífero en la naturaleza toma leche después de destetado, solo el ser humano. Eso es prueba que es contra natura, anti natural tomar leche después de destetado. Un bebito toma leche de su madre y crece de 8 a 32 libras en dos años. En cambio un becerro nace con 90 libras y en dos años pesa 2 mil. ¿Qué leche estas tomando tú? ¿La que engorda a 32 libras (15 kg) o la que engorda a 2 mil libras (cerca de 1000 kg)? Si quieres tomar leche, *la única leche para la que fuiste diseñado a tomar es la leche de mami.* Pero como mami ya te desteto y ya no produce más leche, lo más seguro es que si le pides leche, te corra de su casa.

Alternativas a la leche de vaca: leche de soya (no GMO), almendras, arroz, avena, coco, y otras más. También existe en el mercado de los EUA queso de soya (TOFU), de almendras y de arroz.

C. **INDUSTRIALIZADOS** (PROCESADOS Y REFINADOS): azúcar, café, harina, pan blanco, pan dulce, cereales fríos de caja, jalapeño y pepinos en vinagre, comidas enlatadas.

La industrialización de los alimentos ha arruinado nuestra nutrición y nuestra salud por consecuencia. Brevemente revisemos cada uno de los siguientes alimentos.

AZÚCAR. En el capítulo de tu salud y la crisis muestro las terroríficas estadísticas de la cantidad enorme de diabéticos en todo el mundo y que año con año va en aumento al punto que en México la diabetes ocupa ya el primer lugar en causa de muertes. En mis 25 años de experiencia he encontrado empíricamente que es el azúcar refinada la causante número uno de la diabetes. Por esta razón, he declarado al **azúcar como el invento humano más nefasto para la salud del hombre.**

Aun no entiendo cómo es que la humanidad no se ha dado cuenta del error de refinar la miel de caña para convertirla en azúcar blanca. Cada día hay más y más diabéticos con muchas secuelas (ciegos, en diálisis, con amputaciones etc.) y aun las autoridades, los gobiernos, los científicos y quienes tengan capacidad de tomar acciones para detener esta epidemia de diabetes no han hecho nada o declarado nada que tenga que ver con decir fuertemente que el consumo azúcar blanca, refinada, es la causa primaria del problema.

El azúcar solo sirve para dos cosas: para endulzar y para enfermar. En lo personal, si deseo endulzar prefiero algo que endulce y que no enferme como la miel de abeja natural, miel de agave, miel de maple o bien la miel de caña. Otra opción cuando tengo ganas de comer dulce es la de comer frutas dulces como el mango, la uva, el plátano, melón, sandía, papaya, etc. Las alternativas al azúcar que maneja el mercado no son mejores, sino todo lo contrario, es decir, las substancias como el *aspartame* o la *sacarina* (conocidas como azúcar de dieta) son mucho peores. Estas sustancias son muy tóxicas puesto que son químicos ácidos no naturales con efectos secundarios muy desagradables como la pérdida de la memoria y la esclerosis múltiple.

La producción de azúcar en el mundo está desforestando bosques y selvas para substituirlos por la caña de azúcar, este es también un problema ecológico muy grave que nuestra sociedad de consumo de azúcar tiene que considerar. Ya estamos pagando el precio en los cambios climáticos adversos y si no corregimos el rumbo habrá peores consecuencias.

En su proceso, la caña de azúcar es exprimida para sustraerle el jugo de caña o miel de caña, llamado también melado o melaza. Este jugo de caña es de color obscuro y conserva todos los minerales naturales de la planta, además del azúcar. Últimamente a la melaza le evaporan el agua y el resultado es azúcar de caña evaporada que usan como endulzante natural para las leches de almendras o de soya y muchos otros productos. Siguiendo el proceso tradicional del melado o melaza, mediante un proceso químico extraen azúcar morena obscura, después de esto viene otro paso de "blanqueado" para sacar azúcar morena clara y por último, el siguiente proceso químico le convierte en azúcar blanca o extra refinada, la cual, es un químico extra dulce que de natural ya no le queda nada.

Los seres humanos debemos de reconocer errores y rectificarlos, de otro modo, el futuro que nos espera no es nada bueno. De hecho nuestro presente fue el futuro de hace 10, 20, o 50 años. No corregimos entonces el rumbo y ahora estamos enfrentando consecuencias desastrosas. Alguien tiene que dar la voz de alerta y esta es mi voz.

Cambiemos el rumbo, olvidémonos del azúcar, dejemos de usarla cotidianamente. Las alternativas naturales son muchas y muy buenas.

Estas son algunas de las enfermedades en las que el azúcar tiene una relación causa y efecto muy claro, de acuerdo a mi experiencia profesional: *Diabetes, sinusitis, asma. Alimenta todo tipo de infecciones y parásitos. Acides estomacal, gastritis, colitis. Hernia hiatal. Estreñimiento. Gripas, catarros. Cáncer. Artritis. Osteoporosis. Cólicos intestinales, cólicos menstruales. Adicción. Candidiasis. Caries, entre muchas otras.*

Aunque tengo mucho que decir de cada uno de los alimentos procesados y refinados, el resto del capítulo limitaré el espacio sólo para mencionar el cúmulo de enfermedades que cada uno pudiera causar, siempre de acuerdo con mi experiencia. Para más detalles en este tema, pueden conseguir la videoconferencia "Conquistando tu bienestar y tu salud" del mismo autor.

CAFÉ: *Gastritis, colitis, estreñimiento. Hemorroides, hernia hiatal, agruras, reflujo, úlcera gástrica, colitis ulcerativa sangrante. Varices. Manchas negras y cafés de la piel.*

Nerviosismo, ansiedad, insomnio, neurastenia y depresión. Miedos. Desesperación. Sinusitis y bronquitis crónica. Alimenta todo tipo de cánceres. Artritis y Osteoporosis. Dolores de cabeza, migrañas, neuralgias. Neuropatías. Cólicos intestinales. Cólicos menstruales. Adicción.

HARINA BLANCA (pan blanco, pan dulce): *Obesidad. Diabetes. Hongos en la sangre y la piel Caída del cabello, (Candidiasis) por la levadura que contienen. Estreñimiento. Deficiencias vitamínicas. Eccema. Envejecimiento prematuro.*

CEREALES FRÍOS (de caja, para comerse con leche fría): *Colesterol, alta presión, infartos al corazón y cerebro. Sinusitis, asma, bronquitis y faringitis. Artritis. Deficiencias inmunológicas importantes. Estreñimiento. Sobrepeso. Tumores benignos o malignos (cáncer). Osteoporosis. Candidiasis.*

JALAPEÑOS Y PEPINOS EN VINAGRE: *Gastritis, colitis, estreñimiento. Hemorroides, hernia hiatal, agruras, reflujo, úlcera gástrica, colitis ulcerativa sangrante. Diarreas. Ardor y prurito anal. Candidiasis generalizada.*

COMIDAS ENLATADAS: *Intoxicación con metales pesados: aluminio, níquel, cadmio, acero, plomo, cobre, magnesio. Lupus, cáncer, leucemia, alergias, eccema, botulismo, pérdida de la memoria, Alzheimer.*

D. **COMIDA CHATARRA**: dulces, chicles, chocolate, sodas, papitas, piza, frituras, etc.

De acuerdo a mi experiencia, estos son los problemas de salud relacionados con los alimentos chatarra o como le llaman en Europa, comida basura.

DULCES: *Diabetes. Sinusitis, asma. Alimenta todo tipo de infecciones y parásitos. Acides estomacal, gastritis, colitis.*

Hernia hiatal. Estreñimiento. Gripas, catarros. Cáncer. Artritis. Osteoporosis. Cólicos intestinales. Cólicos menstruales. Candidiasis.

CHICLES: *Gastritis y colitis. Todos los relacionados con el azúcar de dieta, el azúcar regular y los colorantes químicos. Cáncer. Perdida de la memoria, Alzheimer.*

PIZZA: *Colesterol, alta presión, infartos al corazón y cerebro. Sinusitis, asma, bronquitis y faringitis. Artritis. Deficiencias inmunológicas importantes. Estreñimiento. Sobrepeso. Tumores benignos o malignos (cáncer). Osteoporosis. Candidiasis.*

CHOCOLATE: *Sinusitis, asma. Todos los relacionados con el azúcar. Nerviosismo, ansiedad, insomnio, depresión a largo plazo. Síndrome del niño hiperactivo, déficit de atención. Adicción. Candidiasis generalizada. Alergias, eccema, manchas obscuras en la piel.*

SODAS (refrescos embotellados): *Diabetes, obesidad, artritis, ceguera, pérdida de la memoria y la concentración. Manchas obscuras y claras en la cara y la piel. Artritis Juvenil. Osteoporosis. Lupus. Cáncer. Deficiencias nutricionales. Gastritis colitis, hemorroides, estreñimiento. Nerviosismo, ansiedad, miedos, insomnio, cansancio y depresión. Varices, úlcera varicosa. Mala circulación. Neuropatía. Migrañas, dolores de cabeza. Caries. Gripas, catarros resfriados. Alimenta todo tipo de infecciones. Sinusitis, Asma. Bronquitis crónica y faringitis. Cólicos intestinales. Cólicos menstruales. Adicción. Candidiasis generalizada.*

PAPAS FRITAS de bolsa de aluminio o de restaurante de comida rápida: *Colesterol, obesidad, hipertensión, infartos al corazón y cerebro. Cáncer. Cólicos intestinales. Cólicos menstruales. Alimenta todo tipo de parásitos.*

Habiendo visto ya los alimentos que causan mala nutrición y que te enferman, entremos ahora en los siguientes capítulos en el estudio de los alimentos sanos, nutritivos y cien por ciento naturales.

CAPÍTULO 11

La buena nutrición:
los 5 elementos y el elemento aire.

Nutrición es la provisión de alimentos o los materiales necesarios a las células y organismos que sirven para sostener o sustentar la vida.

LA BUENA NUTRICIÓN

¿Qué es la buena nutrición?

Es lo que comes y te nutre. Es lo que comes y te sustenta. No solo es lo que te da vida, es lo que da una buena calidad de vida. La mala nutrición también te da vida pero de mala calidad, te envejece prematuramente y te enferma. La buena nutrición es lo que comes y te sana si estás enfermo o te mantiene sano si estás sano, agrega calidad y años a tu vida.

La nutrición es la fuente de energía del cuerpo, es lo que soporta o sustenta la vida. La buena nutrición nos brinda nutrientes, los más conocidos son: vitaminas, minerales, fibra, carbohidratos, aceites esenciales (grasas), y aminoácidos que forman proteína. Con ellos se forman huesos, músculos, tendones, tejidos de órganos como el corazón, el hígado, páncreas, cerebro, etc.

Veamos ahora brevemente las 6 fuentes de energía de las cuales el cuerpo humano dispone con el fin de soportar la vida, que nos brindan buena nutrición, un balance emocional, coordinación y coherencia de pensamientos y el por qué debemos incluirlos en nuestra dieta y vida diaria, cuáles son sus beneficios y luego veremos cuanto tiempo podríamos vivir sin alguno de ellos aproximadamente.

A. AIRE PURO.

B. AGUA DE MANANTIAL: (alcalina)

C. ALIMENTOS NATURALES

D. LUZ SOLAR

E. CAMPO MAGNÉTICO TERRESTRE. Sueño nocturno.

F. AMOR

Los primeros cuatro elementos, aire, agua, alimentos y luz solar están clasificados dentro del naturismo clásico. Los otros dos elementos, el sueño nocturno y el amor, normalmente no están considerados ni por el naturismo ni por las ciencias de la nutrición. Debo aclarar que las escuelas de nutrición y de naturismo clásicos no enseñan lo que estoy enseñando aquí y por esa razón escribo este libro, porque es importante tener una visión integral de la salud y no solo una visión parcial. Llamémosle NUTRICIÓN HOLÍSTICA (holos = todo) a lo que nutre no solo tu cuerpo, sino también tu mente y tu espíritu.

De las seis fuentes de energía descritas arriba, *cinco son elementos físicos* (aire, agua, tierra, campo magnético de la tierra y energía solar) y *un elemento es emocional, espiritual, divino, sutil* (el Amor). Llamémosle a este último, al amor, el *quinto elemento o quinta esencia*, ya que los otros, aunque son cinco, pertenecen a cuatro elementos clásicos del que hablan todas las tradiciones sagradas de la humanidad: ***viento, agua, tierra y fuego***.

Estas son las cinco fuentes energéticas de nutrición físicas y la sexta que es sutil, emocional, divina:

1. El viento es el aire que respiramos.

2. El agua, elemento de vida, representa el 70% de la superficie terrestre y de nuestra masa corporal; somos 70% agua.

3. La tierra representa a los alimentos que nos nutren, ya que es de la tierra de donde provienen.

4. El fuego externo proviene del sol

5. El campo magnético representa al fuego interno, ya que es el núcleo de la tierra, con lava volcánica y fuego, el que genera el campo magnético que rodea al planeta.

6. La sexta fuente de energía no es un elemento físico en sí mismo, pero si es un elemento de energía sutil, emocional y espiritual. *Es una energía divina, es el AMOR.*

Veamos ahora la cantidad de tiempo que podemos vivir sin alguno de estos elementos.

Hay un dicho que dice "el agua es vida" y es verdad. Esto significa que sin agua no hay vida o llega la muerte. Lo mismo sucede con los demás elementos, el aire, los alimentos de la tierra, la luz solar y los campos magnéticos del fuego central de la tierra e incluso con el amor.

AIRE. El primer alimento del cuerpo es el aire y su oxigeno porque no podríamos vivir más de 3 a 5 minutos sin él. Explicare con detalle cómo funciona esto más adelante.

AGUA. El segundo alimento es el agua porque no podríamos vivir más de 5 días sin ella.

TIERRA y sus ALIMENTOS: La tercera fuente de nutrición son precisamente los alimentos porque no podríamos vivir sin ellos más de 60 días.

FUEGO externo. LUZ SOLAR. Es el que proviene del sol y nos ayuda a la nutrición al permitir mediante la luz solar, la síntesis de la vitamina D, indispensable para la formación de huesos y el funcionamiento adecuado del sistema inmune de defensas. Además, sin el sol no se podría concebir la vida en el planeta. Su energía lumínica inicia la gran cadena de alimentación en el plancton del agua en mares y ríos, y en las plantas de la tierra donde se inicia la cadena alimenticia de todos los peces del agua y los animales de la tierra. ¿Cuánto tiempo podríamos vivir sin la luz del sol?

FUEGO interno. CAMPOS MAGNÉTICOS. Otra fuente de energía que muy pocos conocen y toman en cuenta son los campos magnéticos de la tierra. Casi nadie sabe que, al dormir profundamente, nuestro cerebro se carga de energía como una batería, directamente y sin cables desde el polo Norte o Sur de la Tierra. Si una persona no duerme por 5 días consecutivos, su cerebro, por falta de energía se perturba. El computador cerebral (el cerebro es un bio computador) se desprograma y no computa correctamente. La persona empieza a alucinar, escucha voces o ve cosas que los demás no ven; se vuelve loca o esquizofrénica. Imagino que si sigue sin dormir, la persona moriría en algún tiempo que aun desconozco.

AMOR. El amor es una fuente de energía vital, alimenta al espíritu, el alma y por eso le llamo al *amor como la quinta esencia de las energías vitales*. Nutrición es lo que soporta y sustenta la vida y el amor nutre nuestro espíritu, nuestra alma, sustenta nuestra razón por vivir. Una persona sin amor pierde su razón por vivir, no come y se deja morir o en el peor de los casos se quita la vida. La falta de la energía vital del amor es la causante primaria de los suicidios. ¿Cuánto puedes vivir sin amor? No lo sé. Como médico aprendí que en los hospitales, cuando nace un niño que tienen que separar de la madre por alguna razón (como nacimiento prematuro), y colocarlo en incubadora, si el bebé no es tocado, no tiene contacto físico por algunos días, se agrava y se muere. Existen muchas historias de bebes que estaban muriendo y salvan sus vidas gracias a que "alguien" se compadece de ellos y los acarician, los tocan y salvan sus vidas. Repito: una persona que no tiene amor en su vida, pierde su razón por vivir y su espíritu decide, de algún modo, despedirse de este mundo. Mueren, ya sea por enfermedad o por suicidio.

Resumiendo, las fuentes de energía para la vida que nutren y soportan nuestro cuerpo, nuestra mente y nuestro espíritu, en orden de importancia y de acuerdo a la cantidad de tiempo que se puede sobrevivir sin ellas son:

ELEMENTO	NUTRIENTES	PROPIEDADES	SOBREVIDA SIN ELLOS
Viento	aire	Oxígeno, antioxidante	3-5 minutos
Agua	agua	70-80% del cuerpo	3-5 días
Tierra	alimentos	Nutrientes, sustento	3-12 semanas
Fuego: externo	Luz del sol	Sintetiza Vit. D. Forma huesos, defensas.	desconocido
Fuego: interno	Campo electro magnético terrestre. Sueño.	Carga energética al cerebro, al dormir.	En 5 días: locura. Muerte: posiblemente en 15 a 30 días.
Divinidad/ espíritu (*quinta esencia*)	La energía del Amor	Razón de vida	Recién Nacidos, 3 días a 3 semanas. Adultos, enfermedad o suicidio en tiempo variable

Ahora veamos con algunos detalles uno por uno los nutrientes:

A. **AIRE.**

La atmosfera terrestre contiene el aire que respiramos. Los gases que en él se encuentran son el oxígeno (20%), el nitrógeno (78%), el dióxido de carbono (0.04%) y otros como el contaminante monóxido de carbono, producto de la combustión de motores de gasolina. (9)

La respiración constituye un ejemplo claro del proceso natural del *ciclo limpiar-nutrir* que estamos promoviendo *para la restauración de la salud*. Solo que aquí es más lógico iniciar con nutrir y luego limpiar. Resulta que al inhalar (jalar aire hacia los pulmones) estamos nutriendo nuestra sangre y células con *oxígeno* y al exhalar (jalar el aire hacia afuera de los pulmones) estamos limpiando nuestro organismo del gas *dióxido de carbono (bióxido de carbono)*, desecho tóxico, producto del metabolismo y combustión del oxígeno.

El **oxígeno** es indispensable para crear energía mediante el metabolismo de moléculas ricas en energía como los carbohidratos (glucosa por ejemplo), las proteínas y las grasas. Esta energía que genera el *metabolismo del oxígeno*, el cuerpo la usa para mantener las funciones vitales como la respiración, el latido del corazón, la filtración de la sangre por el riñón y otras funciones importantes como la de reproducir células nuevas que sustituyen a las células viejas y enfermas, también ayuda a la formación de huesos, músculos, órganos y tejidos.

Este metabolismo del oxígeno genera bióxido de carbono como gas de desecho. Es tan tóxico este gas que si paramos de respirar por cualquier razón, podríamos morir en unos cuantos minutos: 3 a 5 min. Cuando respiramos inadecuadamente y no oxigenamos bien la sangre, nuestra energía y nuestra salud se decae, tanto por falta de oxígeno como por la inadecuada eliminación del bióxido de carbono. (9)

Los seres humanos somos seres aeróbicos, es decir vivimos gracias a que respiramos aire (*aero* de aire y *bicos* de bio o vida). Sin embargo, nuestras células tienen la capacidad de vivir temporalmente y bajo circunstancias extremas en forma anaeróbica (sin aire o sin oxígeno). Particularmente las células cancerosas son células que se vieron obligadas a vivir sin oxígeno. La falta de oxígeno a nivel celular debe de corregirse o de lo contrario la enfermedad y, su consecuencia, la muerte ocurrirán irremediablemente.

La **acumulación de bióxido de carbono** reacciona con el agua en la sangre y genera ácidos como el *ácido carbónico*, **acidificando el pH de la sangre**.

También el ejercicio anaeróbico, el que se hace en deportes extremos, es tan intenso este ejercicio que el oxígeno que se respira no es suficiente para suplir la energía necesaria y entonces la sangre usa glucosa en substitución de oxígeno para generar energía y el metabolismo de la misma (se llama glicolisis), produce ácido láctico el cual, también acidifica el pH de la sangre. (9)

EL pH de la sangre (su grado de acidez o alcalinidad) *es siempre alcalino*. Cuando se acidifica su pH, receptores que están en la arteria carótida que va al cerebro, le envían una señal avisándole de la falta de oxígeno (el cual tiene un pH alcalino y una carga electromagnética negativa). Entonces los centros cerebrales de la respiración responden acelerando la frecuencia y la profundidad respiratoria. De ese modo, la persona no solo adquiere más aire y oxígeno, también elimina más bióxido de carbono y se ayuda a balancear el pH sanguíneo que no debe de bajar ni subir más de dos puntos decimales porque sería incompatible con la vida.

Veamos el pH de la sangre compatible con la vida o rango vital: entre 7.38 y 7.42 en sangre:

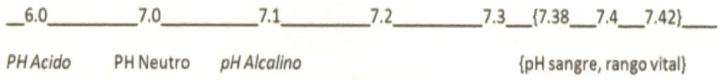

_6.0_____7.0_____7.1_____7.2_____7.3__\{7.38__7.4__7.42\}___
PH Acido   PH Neutro   *pH Alcalino*   \{pH sangre, rango vital\}

El oxígeno y los alimentos alcalinos que provienen de la tierra (ver la lista blanca en el Plan Alimenticio Naturista

General del Cap. 17. Herramienta No 1) mantienen un pH alcalino de la sangre y de todas las secreciones del cuerpo (orina, sudor, saliva). Sin embargo, la falta de calidad del aire que respiramos por contaminación ambiental, los malos hábitos respiratorios que tenemos como la falta de ejercicio para oxigenar la sangre aunado al hecho de vivir una vida sedentaria, respirando aire acondicionado la mayor parte del tiempo, sumado a una dieta rica en alimentos industrializados (ácidos y tóxicos, ver la lista negra del Plan Alimentario Naturista General, Cap. 17. Herramienta No 1) generan la *acidificación de la sangre* con sus consecuencias que son el envejecimiento prematuro, enfermedades crónico degenerativas, cáncer muerte celular y muerte prematura.

El comer carne, sodas, café o azúcar, por ejemplo, genera una acidez en la sangre que como mecanismo de defensa (y para no salirse del rango vital de 7.38/7.42), entonces la sangre manda esos ácidos hacia los órganos y estos a su vez tratan de expulsarla hacia fuera del cuerpo mediante sus secreciones como la orina, la saliva y el sudor. En mi experiencia, he encontrado que el 95% de la población adulta tiene un pH salival ácido y es que ese 95% se alimenta de la lista negra de alimentos industrializados y ácidos.

Para restaurar la salud, es de vital importancia subir el pH salival del rango de lo acido al rango de lo alcalino y esto se logra con una buena oxigenación de la sangre (ejercicio) y una buena nutrición con alimentos 100% naturales y alcalinos.

Recuerdo el caso de una joven de 30 años con un cáncer de mama en etapa inicial, de 8 cm, hizo la dieta anti tumoral y tomo mi tratamiento naturista. Después de 6 meses el tumor bajo a solo dos 2 cm y ahí se estancó por otros 3 meses, hasta que le recomendé que subiera montañas o cerros con bosque caminando para que oxigenara la sangre, de esta forma el oxígeno alcalinizara la sangre y matara las células cancerosas. Así lo hizo y en un mes desapareció lo que quedaba de tumor. Las células cancerosas viven de un pH ácido, con exceso de iones de hidrógeno (con carga electromagnética positiva) y el simple hecho de suplirles oxígeno (con carga electromagnética negativa y pH alcalino) las mata o las transforma de anaeróbicas a aeróbicas, es decir de malignas a benignas.

Como oxigenar la sangre

La mejor manera de oxigenar la sangre es el ejercicio al aire libre. Prefiera lugares amplios y arboleados. Si no está acostumbrado, inicie con caminata de 10 minutos, aumente 3 a 5 minutos cada ocasión hasta que camine una hora mínimo y dos horas máximo. Luego si su salud y su médico responsable se lo permite, inicie con trote los últimos 5 minutos de la caminata, aumente cada semana 3 a 5 minutos más y en cuatro a 8 semanas puede trotar los últimos 15 a 30 minutos de la hora o dos horas que le dedica a la caminata. De tres a 6 meses después, siempre y cuando su salud y su médico responsable se lo permitan, inicie corriendo el último minuto del trote, o sea acelere el trote hasta correr lo más que pueda. Luego le aumenta de minuto en minuto hasta que ya corra los últimos 3 a 5 minutos. Naturalmente si usted quiere llegar a tener una condición física de atleta, debe de seguir aumentando la cantidad y calidad del ejercicio.

Una manera avanzada de oxigenarse naturalmente es el buscar un cerro bien arboleado y tratar de subir lo más que se pueda casi todos los días.

La frecuencia del ejercicio para que sea altamente efectiva debe de ser por lo menos tres días por semana y hasta cinco días. Descansar dos días al menos es lo ideal. La intensidad del ejercicio depende de la condición física de cada persona, sugerimos una revisión médica antes de iniciar cualquier régimen físico. Sin embargo, una manera de saber si el ejercicio es o será provechoso es observando la sudoración del cuerpo. Como regla sencilla y nada técnica, el sudar significa que el nivel de ejercicio ya está dando buenos resultados, los vasos sanguíneos de la piel se dilatan, se abren los poros y se expulsan tóxicos a través de la sudoración. No olvide siempre rehidratarse con agua alcalina o suero oral.

Una forma acelerada de oxigenar la sangre consiste en acudir a un centro especializado o clínicas debidamente regularizadas ante la Secretaria de Salud que tengan el servicio de Cámara Hiperbárica, Cámara con Ozono, que utilicen filtros de aire y concentren el oxígeno natural. Consular con un especialista en el tema es lo ideal, aunque estos procedimientos normalmente no son nada económicos.

A la energía que se obtiene al respirar, los chinos le llaman Chi, los japoneses Ki, los Hindúes le llaman Prana y en el mundo occidental le llaman energía vital o energía interna. Estas y otras culturas antiguas acostumbran hacer ejercicios especiales destinados a adquirir energía. Tal es el caso del Tai Chi de los Chinos, el Yoga de los Hindúes y la meditación Zen de los japoneses.

En el siguiente capítulo veremos como la buena hidratación con agua nos ayuda a expulsar desechos corporales y a nutrir correctamente nuestro organismo.

CAPÍTULO 12

La buena nutrición: el elemento agua. La hidratación.

AGUA.

El agua es una substancia química que está formada por dos moléculas de hidrogeno combinadas con una de oxigeno (H_2O).

Se encuentra presente en el 71% de la superficie terrestre y forma parte de prácticamente todas las formas de vida conocidas hasta ahora. El agua la encontramos repartida en tres formas: liquida (agua), solida (hielo) y en vapor de agua (nubes). Solo el 2.2% del agua es agua dulce (ideal para el consumo humano) y esta se encuentra en ríos, lagos, presas y mantos acuíferos subterráneos; el 97% del agua del planeta está en el mar y es salada, no apta para el consumo. (10)

Son tres los ciclos que el agua mantiene en nuestro planeta: evaporación, precipitación y escurrimiento.

El agua forma el 70% del peso corporal humano. La función principal del agua es la de acarrear los nutrientes desde afuera del cuerpo hasta el interior de todas las células y al mismo tiempo llevar de regreso sus desechos hacia afuera del organismo.

La sangre tiene mucha agua en forma de plasma y no solo lleva los nutrientes hacia los órganos, sino también sirve de canal de desecho, es decir, los productos de desecho del metabolismo de los nutrientes en las células son acarreados también por el agua mediante el plasma de la sangre para llevarlos hacia los órganos de eliminación como son: riñón, vesícula biliar, pulmón, glándulas de secreción externa: sudoríparas, salivales, vaginales e incluso el útero juega un papel importante en la eliminación de desechos durante la menstruación, al menos, esa es mi observación, porque he visto en las mujeres muy intoxicadas con alimentos industrializados que antes y durante la menstruación padecen de cólicos muy fuertes y la única explicación lógica que tengo para ello es el alto nivel de tóxicos que tratan de salir fuera del cuerpo a través del útero. Esto explicaría porque las mujeres viven más que los hombres, al menos ellas tienen un filtro que elimina tóxicos casi cada mes.

La ingesta del agua debe de ser suficiente en calidad y en cantidad.

Sobre la calidad del agua. El agua para beber debe de ser potable, es decir, limpia de partículas en suspensión, limpia de bacterias y cualquier otro patógeno. Alrededor de mil millones (un billón) de personas en todo el mundo toman diariamente agua insalubre, no potable (10). Una característica nutritiva del agua es que en ella están disueltos minerales naturales que son necesarios al cuerpo humano. Nuestros cuerpos están formados con 73 minerales y los que están disueltos en agua ayudan a suplirlos.

Las características del líquido vital es que es incoloro (sin color), inodoro (sin olor) e insípida (sin sabor). Debe de estar libre de patógenos, bacterias, larvas etc. También debe de estar libre de solutos (partículas de otros materiales). El pH natural del agua debiera de ser neutro, de 7. Sin embargo, el agua de manantial, de pozo o de rio que el ser humano ha ingerido por miles de años es realmente alcalina, normalmente fluctúa entre 7.2 y 7.5 y esto es debido a los minerales (electrolitos) que están disueltos en ella.

El agua, al pasar por los ríos subterráneos, se mezcla con los minerales de la tierra, dándole propiedades que desafortunadamente le son retirados con los sistemas obsoletos de purificación que el gran parte de la humanidad está usando. Filtran el agua y al filtrarle le retiran todo lo malo como bacterias y químicos como el cloro si proviene del sistema potable de la ciudad. Eso es bueno, lo malo es que sus filtros no discriminan y también se llevan los minerales (nutrientes) que normalmente tiene, haciendo que el pH del agua, de alcalino lo bajen a ácido. Un agua entre más purificada más acida es. Entre más acida menos saludable es también. La mayor parte de las aguas purificadas de México y los EUA que hemos analizado con mi equipo de colaboradores fluctúa entre 5.5 (las hechas por empresas normalmente dedicadas a hacer refrescos de cola) y 6.8.

Filtros mucho más modernos que normalmente provienen del Japón, permiten que el agua sea filtrada de elementos impuros, bacterias y químicos disueltos respetando los minerales o electrolitos disueltos en ella. Su tecnología es tan avanzada que le permiten elegir cuanta concentración de electrolitos deseas en el agua y por consiguiente puedes escoger el pH del agua que vas a tomar. Esto representa una gran ventaja para personas con enfermedades crónico degenerativas porque pueden iniciar su toma de agua con un pH ligeramente alcalino (7.2-7.8) e ir aumentándolo paulatinamente hasta niveles más terapéuticos como 8.8 o incluso 9.5. Desafortunadamente, el costo de estos filtros electrónicos es muy alto (entre 2000 hasta 6 mil dólares).

Hace tres años deje de recomendar estos filtros que, incluso, te hablan para decirte el pH que brindan porque mis más recientes investigaciones al respecto me han permitido acceder otra tecnología, más natural, más económica que es la de filtros de minerales ionizantes, los cuales producen la misma calidad de agua que los electrónicos pero a muy bajo costo.

Los filtros alcalinos electrónicos podrían tener un gran inconveniente, hidrolizan el agua y le separan sus moléculas creando químicos que no son naturales y a largo plazo podrían causar problemas de salud. Esta parte merece aún más investigación. Por lo pronto, elija un filtro alcalino de cerámicas o minerales antes que un electrónico.

Es anti natural tomar agua acida y el agua purificada comercial es acida. Por miles de años (200 mil, según Discovery Chanel), el *Homo sapiens* se hidrató con agua de rio, manantial, lago o pozo; con minerales disueltos naturalmente en ella que le servían también de nutrición. De pronto, en los últimos 20 a 30 años, aparecieron las purificadoras que tienen la buena intención de proveer agua potable a la gente pero por ignorancia o desconocimiento de las leyes naturales de la salud nos dan agua tan purificada que es acida. El agua acida contribuye al desarrollo de enfermedades crónico degenerativas como la artritis y el cáncer y no permiten la recuperación rápida y adecuada de la mayor parte de las enfermedades.

Este conocimiento sobre la acidez del agua purificada lo adquirí tratando de sanar sin éxito a un grupo de personas con cáncer de Pátzcuaro Michoacán en México. Todos ellos murieron y la característica común fue que tomaban agua purificada con un pH muy acido. Contrario al grupo de Morelia, quienes el 80% sanaron.

Sobre la cantidad del agua. Tomar agua es indispensable no solo para tener buena salud, sino también para mantener la vida. Una persona puede vivir varias semanas sin comer alimentos, pero sin tomar agua solo unos días. La cantidad de agua va a depender de la actividad de cada uno.

En reposo, una persona normalmente toma 1200 ml (1.2 litros, algo así como 38 onzas) de agua en promedio, diariamente. Con la ingesta de alimentos, el cuerpo toma otros 1000 ml (1 litro) más de agua. Así mismo, el cuerpo produce por metabolismo otros 300 ml de agua lo que nos da un total de 2.5 litros (cerca de 80 onzas) de agua diaria como un mínimo de entrada. (12)

La cantidad de la toma de agua también depende del peso y la estatura y del estado de salud actual de la persona. Personalmente recomiendo a las personas de baja estatura (chaparritos) tomar entre un litro y litro y medio de agua diaria (4-6 vasos de 8 onzas), según su actividad física. A los de estatura mediana, tomar de un litro y medio a dos litros (6-8 vasos). A los de estatura alta les recomiendo tomar de dos a dos y medio litros de agua (8-10 vasos). Naturalmente, entre más ejercicio se haga se puede tomar más agua.

La recomendación general y popular de "tome 8 vasos de agua diariamente" no tiene ninguna fundamentación científica. He presenciado como mujeres chaparritas con deseos de bajar de peso inician con 8 vasos de 8 onzas diarias y en lugar de bajar de peso les afecta de manera contraria, suben de peso. Esto es porque el riñón tiene una capacidad limitada de filtración y al superar esa cantidad entonces retienen líquidos con la consecuencia lógica del aumento en el peso. Por eso recomiendo a los chaparritos mantenerse en el rango de 4 a 6 vasos de agua diarios.

El balance entre la entrada y la salida de agua del cuerpo es regulado por dos hormonas naturales, la aldosterona y la hormona anti diurética. Ellas regulan la sed de tomar agua según el cuerpo la necesite o no.

Las vías de eliminación del agua corporal son la urinaria, 1500 ml (uno y medio litros), la transpiración o sudoración, de 500 a 800 ml (nos ayuda a mantener la temperatura corporal) y la perdida por heces fecales, 100 ml. Habría que agregar 50 ml de perdida por secreción vaginal en la mujer. La pérdida insensible (que no se puede medir) del vapor del agua mediante la respiración, completa los 50 ml restantes para obtener el balance entre lo que entra y lo que sale de agua del cuerpo, 2.5 litros.

El agua y tu salud. Para restaurar tu salud de cualquier condición es indispensable que estés tomando agua suficiente, en cantidad y calidad. ¿Cuánto pesas? ¿Cuánto mides? ¿Cuánta agua debes de tomar diariamente? ¿Cuánta agua tomaste hoy? ¿Cuánta ayer? ¿Qué clase de agua tomas? ¿Es agua ácida? ¿Es alcalina? ¿En lugar de agua tomas sodas? ¿Sabes lo acido que son las sodas? ¿Sabías que son pinturas con agua, azúcar en cantidades industriales más una docena de químicos? ¿Sabes el daño que podrías estar causando a tu salud? He aquí una tablita que puede ayudarte a definir tus necesidades de agua diarias.

Estatura	Sin ejercicio	Con ejercicio	Con sobrepeso
Chaparritos	4 vasos	6 vasos	Tomar 4 vasos (un litro) en ayunas y 2 vasos más durante el día.
Medianos	6 vasos	8 vasos	Tomar 5 vasos en ayunas y 3 durante el día.
Altos	8 vasos	10 vasos	Tomar 6 vasos (un litro y medio) en ayunas y 4 vasos durante el día.

Estoy recomendando a los que tienen sobrepeso y enfermedades crónico degenerativas que tomen de un litro a litro y medio de agua alcalina y antioxidante en ayunas porque este va a ser su medio de limpieza del colon. Normalmente estas personas tienen el colon lleno de desechos tóxicos viejos y retenidos de años. El agua por simple acción mecánica les ayuda a sacarlos. Un kilo de agua, tomada de inmediato en ayunas, empuja hacia afuera por lo menos 100 a 200 gramos de heces fecales. El efecto primario es el de funcionar como un laxante suave. Personas que no toman agua suficiente sufren de estreñimiento crónico. Así que el agua no solo nutre, también limpia; el agua lleva nutrientes pero también acarrea los desechos y los saca por las vías ya descritas.

AGUA ALCALINA Y ANTIOXIDANTE

A. ¿PARA QUE SIRVE EL AGUA ALCALINA EN EL CUERPO?

Básicamente el agua alcalina tiene seis funciones:

1. Acarrear minerales nutrientes contenidos en ella a todas las células.

2. Acarrear nutrientes contenidos en los alimentos a todas las células. Funciona como su vehículo de transporte.

3. Acarrear iones negativos con poder antioxidante a todas las células.

4. Algunos filtros que combinan biocerámicas con ciertos minerales liberan oxigeno del agua.

5. Acarrear deshechos o excretas hacia afuera de nuestro cuerpo, sirviendo de vehículo de transporte.

6. Servir de matriz, es el elemento en el cual están suspendidos todos los demás elementos de las células del cuerpo. Es el plasma o matriz de la sangre, de las células, del tejido conectivo, del tejido intersticial (entre las células) y de todos los órganos.

B. ¿QUÉ PASA SI NO TOMA AGUA SUFICIENTE EN CANTIDAD Y EN CALIDAD?

1. *Los efectos de la deshidratación o de la hidratación incorrecta*. La deshidratación ocurre cuando la persona no toma agua en cantidad suficiente. Y la hidratación incorrecta es la que nuestra sociedad está haciendo actualmente, toma agua pero tan purificada que es acida y altamente oxidante. Ambas

circunstancias causan problemas de salud que podríamos resumir en:

- Estreñimiento.

- Acidez estomacal, gastritis.

- Acidez intestinal, colitis.

- Hemorroides.

- Vientre abultado.

- Insuficiencia renal, propensión a diálisis.

- Resequedad de la piel.

- Envejecimiento prematuro, arrugas.

- Manchas obscuras en la piel.

- Promueven la aparición de enfermedades crónicas degenerativas como diabetes, artritis, cáncer, alta presión y muchas otras más.

- No permiten la recuperación rápida de las mismas enfermedades.

C. LA HIDRATACIÓN CORRECTA Y SALUDABLE.

1. ¿Qué es el agua alcalina?

Alcalino es lo contrario del ácido. El pH o potencial de hidrogeno es la medida de la acidez o alcalinidad de cualquier substancia, incluyendo el agua. El pH se mide en rangos del cero al 14, siendo neutro en 7.0, acido entre cero y 6.9, alcalino entre 7.1 a 14. El pH normal de la sangre es de cerca de 7.4 y el de la saliva de una persona con hábitos alimenticios vegy pezco ovíparos es también de 7.4.

2. **Propiedades del agua antioxidante.**

¿Qué significa antioxidante? Que *previene o retarda la oxidación*. Esto es, *retarda el envejecimiento prematuro* y la aparición de enfermedades crónicas y degenerativas. Si ya estás enfermo, una substancia o alimento antioxidante te podría ayudar en la recuperación de tu salud. *Los antioxidantes neutralizan los radicales libres*. Actualmente se comercian alimentos con supuestas propiedades antioxidantes, como la fruta de la granada, el arándano, el brócoli, el ajo, el arroz integral, el tomate orgánico, etc. Mi conclusión es que todos los alimentos naturales y orgánicos hechos por Dios Padre y la naturaleza que Él mismo creó, tienen sustancias antioxidantes. Por ejemplo, la zanahoria con su vitamina A es antioxidante, la avena con su vitamina E lo es también. Ni que se diga del limón, la naranja y todos los cítricos con su poderosísima vitamina C.

3. **Algunas propiedades del Agua Alcalina Antioxidante.**

- Mejora la digestión de los alimentos.

- Evita las fermentaciones provocadas por una mala nutrición.

- Ayudaría a Resolver algunos casos de diarrea crónica.

- Mejora los estados de hiperacidez del estómago que pueden ocasionar úlceras gastro duodenales.

- Combate la acidez orgánica provocada por las dietas excesivamente ricas en carnes y productos elaborados (no naturales).

- Favorece la alimentación de las células y la eliminación de los productos resultantes de su metabolismo.

- Favorece la restauración de la salud y el bienestar al ayudar a eliminar la basura tóxica del organismo y al nutrir con sus minerales a las células.

- Ayuda al rejuvenecimiento celular.

- Evita el envejecimiento prematuro.

- Ayuda a combatir y resolver las enfermedades crónicas degenerativas como la diabetes, la artritis, la alta presión, el cáncer, lupus, etc.

- Al bañarse con agua antioxidante le evita la caída del cabello.

- Promueve el crecimiento del cabello.

- Mejora el estado de la piel, al limpiarla y dejarla más tersa.

- Tomando de un litro a litro y medio (32 a 48 onzas) de agua en ayunas ayuda a corregir el estreñimiento y a limpiar el colon. Consecuentemente le ayuda a bajar la barriga y de peso y de talla.

- Los alimentos que se reposan en agua antioxidante y alcalina, se oxidan menos y duran más tiempo de lo normal sin pudrirse.

- Las plantas que se riegan con esta agua crecen más rápido.

- Un clip de acero inoxidable colocado en agua alcalina antioxidante tarda meses en oxidarse, cuando el que se coloca en agua normal de la llave en pocos días ya está oxidado.

D. EL PH SALIVAL Y SU RELACIÓN CON LA INTOXICACIÓN DEL AGUA CORPORAL O MATRIZ.

PH significa *potencial de hidrogeno*, habla de las moléculas de hidrogeno libres. El pH de la saliva de una persona completamente sana y con una dieta vegy-pesco-ovípara es de 7.4, esto es, alcalino e igual al de la sangre.

El pH salival es un buen parámetro para saber qué tan intoxicada esta la persona y que tanta basura ácida y tóxica hay en su sistema. En mi experiencia, entre más ácido el pH salival más intoxicada está la persona. De hecho, en personas con cáncer, entre más ácido el pH, más avanzado es el cáncer. Por ejemplo, en promedio, he observado que los que tienen cáncer inicial manejan pH salival de 6.6 a 6.8. De fases secundarias, pH de 6.2 a 6.6. Fases avanzadas, pH de 5.8 a 6.2 y fases terminales pH entre 5.0 a 5.8. Estas mediciones son parte de mi experiencia que estoy compartiendo y no han sido evaluadas por ninguna agencia gubernamental o por ninguna universidad. Cabe aclarar que no todas las personas que tienen pH salival acido tienen cáncer, pero sí, todas o casi todas las personas que tienen cáncer tienen un pH salival acido.

Tiras de medición del pH salival o de la orina se pueden encontrar en algunas farmacias de prestigio. Una manera de saber si tu salud va mejorando es observar que tu pH salival, de ácido va subiendo poco a poco a alcalino. Cuando llega a su punto natural (7.4) la salud se habrá restaurado satisfactoriamente. Excepción merece la insuficiencia renal que por su problema renal el pH se hace alcalino, no por salud, sino por enfermedad.

El pH de la sangre es siempre alcalino. La sangre no puede ser acidificada, el rango de pH es alcalino y no puede moverse arriba de 7.42 ni debajo de 7.38. Si esto pasara la vida sería incompatible, así que el cuerpo decide pasar todos los tóxicos y basura acida a la matriz (agua) de los órganos, las células y tejidos intersticiales, secreciones salivales, vaginales, sudoración, etc. Por eso el pH salival es tan ácido como alimentos tóxicos coma la persona, además el pH de la orina también es acido. *Esta basura acida es la que podría generar tumores* al faltar agua que la acarree hacia afuera del organismo y depositarse en células que se vuelven cancerosas para seguir depositándolos como si fueran botes de la basura. De ese modo es que crecen los tumores, tanto benignos como malignos, porque la persona sigue comiendo alimentos industrializados y acumulando basura tóxica y ácida en su matriz (agua corporal).

Por esta razón, medir el pH salival es un buen parámetro para medir los niveles de intoxicación interna del organismo y el proceso de desintoxicación en sí mismo. Siempre que me pregunta una persona con cáncer como sabrá él o ella si está mejorando o no le contesto que, además de ver los resultados clínicos y de laboratorio con mejoría notoria, su pH salival debe de ir subiendo hasta alcanzar la alcalinidad.

CAPÍTULO 13

La buena nutrición: el elemento fuego. Sol y magnetismo.

Los dos elementos del fuego que nos nutren son el fuego externo que proviene del sol en forma de LUZ SOLAR y el fuego interno que proviene de la Tierra en forma de **CAMPOS ELECTRO MAGNÉTICOS,** ambos nos nutren y vamos a conocer en este capítulo de que manera lo hacen.

A. LUZ SOLAR

Sin luz solar no habría vida en la Tierra. Clasificado en la tradición antigua dentro del elemento *fuego*, la luz solar o fuego externo, es el total espectro de radiación electromagnética y energética que proviene del sol. La atmosfera terrestre filtra la luz solar y nos protege de algunos rayos que son dañinos. La existencia de casi todas las formas vivientes en la tierra es alimentada prácticamente por la energía solar. Muchas plantas utilizan la luz solar y el aire para convertirlos en azúcares simples en un proceso conocido como *fotosíntesis*. La energía solar guardada en los azucares simples es utilizada para la formación de otras moléculas como proteínas y grasas y así crear bloques de células que formen estructuras vivas. Luego los seres humanos y los animales al comerse estas plantas liberan la energía solar contenida en ellas en forma de carbohidratos, grasas y proteínas mediante un proceso que ya revisamos arriba y se llama respiración. Así es, el oxígeno que respiramos del aire es el combustible necesario para liberar esa energía solar y así sostener la vida. (13)

El ser humano empezó a almacenar energía solar cuando en el neolítico (edad de piedra) cultivó las plantas y se inició en la ganadería. Así, al almacenar alimentos, almacena energía y el hombre se da tiempo para crear lo que llamamos la civilización. La nueva revolución energética proviene de los combustibles fósiles como el carbón, el petróleo y el gas natural que provienen de la descomposición de las plantas del pasado. Así, el hombre sigue utilizando la energía que el sol ayudó a crear millones de años atrás.

Nosotros, los seres humanos, necesitamos de luz solar para producir un tipo de vitamina que es muy importante para la vida, es la *vitamina D.*

Son los rayos ultravioleta B del sol los que ayudan a la producción de vitamina D. La vitamina D regula los niveles de calcio y fósforo en la sangre al promover su absorción de los alimentos en los intestinos. Así mismo, promueve la reabsorción del calcio en los riñones, permitiendo la mineralización normal en los huesos y evitando la hipocalcemia o baja del calcio en la sangre con la consecuente osteopenia y osteoporosis. La vitamina D es indispensable para el crecimiento de los huesos y su remodelación.

En el sistema inmune de defensa la vitamina D juega un papel de lo más importante. Nos protege de infecciones por agentes biológicos como virus, bacterias, hongos y parásitos ya que la vitamina D ayuda a la *fagocitosis* (proceso donde las células de defensa se comen los agentes biológicos), modula la respuesta inmune, evitando las enfermedades autoinmunes como el Lupus.

Contra el cáncer, la vitamina D tiene un efecto antitumoral es decir, ayuda a deshacer tumores. (14)

Una inadecuada exposición de la luz solar nos provocaría una deficiencia de la producción de vitamina D con las consecuencias de desmineralización y ablandamiento de los huesos, dando como resultado raquitismo en niños y osteoporosis en adultos (14). Además el sistema de defensa inmunológico también sufriría consecuencias y las enfermedades autoinmunes podrían aparecer así como el padecer de gripas y catarros frecuentes. Generalmente se recomiendan de 30 minutos a una hora como mínimo de exposición al sol en horas de la mañana o de la tarde, mas no al medio día para evitar quemaduras.

La mayor parte de los autores de medicina relacionan la sobre exposición a los rayos solares como la causa más común del cáncer de piel. En mi opinión, no es la luz del sol la causante del cáncer de la piel, observen cuantas tribus de indígenas hay todavía en el Amazonas o en Australia con muy altos niveles de exposición a los rayos del sol y sin cáncer de piel. Más bien, por la experiencia que tengo, relacionaría al cáncer de piel con el nivel de alimentos industrializados y tóxicos que come la persona. Si bajo la piel están circulando una cantidad enorme de tóxicos provenientes de los alimentos y los químicos que utilizamos para la higiene, entonces, estos tóxicos al interactuar con la radiación solar provocan una reacción, al principio inflamatoria, después crónica y degenerativa, terminando en un cáncer. Pero, en mi opinión, el sol no es el responsable del cáncer de piel, es solo el catalizador de los tóxicos que están bajo la piel. Sin estos tóxicos, no hay cáncer.

B. CAMPO MAGNÉTICO TERRESTRE y el sueño nocturno.

Mientras la luz solar es clasificada dentro del elemento *fuego* que proviene del exterior de la Tierra, precisamente del sol, el campo electromagnético de la tierra está dentro del mismo elemento *fuego* pero este proviene del interior del planeta. El fuego interior de la tierra está compuesto por el núcleo o centro terrestre. Este, a su vez, está compuesto por magma o lava volcánica cuyo principal elemento es el hierro. La característica que hace que el magma o núcleo terrestre genere un campo electromagnético que rodea la tierra es la composición (hierro, principal componente de los imanes), la enorme temperatura y la velocidad con la que se mueve y que provoca un efecto de tipo dínamo.

1. ¿Qué relación tiene el campo electro magnético de la tierra con el sueño y la buena nutrición?

*El núcleo de la Tierra genera energía electromagnética y **mi teoría** es que de algún modo esa energía alimenta la energía electromagnética del cerebro. La Tierra funcionaría como emisor y el cerebro como receptor de ondas electromagnéticas (energía).*

EMISOR DE CARGA ELECTROMAGNÉTICA	RECEPTOR
PlanetaTierra	Cerebro

Mi observación es muy simple. La actividad cerebral se mide mediante un aparato, el electroencefalógrafo, que mide la frecuencia y la intensidad de las ondas electromagnéticas del cerebro. La medición se hace en ciclos por segundo y el resultado es un encefalograma. Normalmente una persona que esté despierta emite ondas cerebrales a razón de 12 ciclos por segundo, pero si su actividad física o su trabajo requieren algo de concentración, aumenta su actividad a 14 o hasta 16 ciclos por segundo. Cuando una persona estudia para resolver un problema matemático o intelectual, el cerebro puede trabajar o vibrar hasta 18 ciclos por segundo.

Durante la noche, más bien, **durante el sueño,** el cerebro baja su nivel de actividad al mínimo posible y, además, compatible con la vida: **2 ciclos por segundo,** en su nivel más profundo de sueño. El campo electromagnético de la tierra también oscila en ciclos por segundo, alrededor de 8.6 ciclos por segundo.

Si las matemáticas no se equivocan, *he aquí lo simple de mi observación*: 8 menos 2 nos dan una ganancia de 6. Por la noche el cerebro recibe 8.6 ciclos de corriente electromagnética inalámbrica y gasta solo 2 ciclos, entonces, cada segundo tiene una ganancia o la capacidad de almacenar una energía electromagnética de 6.6 ciclos por segundo, 396 ciclos por minuto, 23,760 ciclos por hora, 142,560 ciclos por 6 horas de sueño nocturno o bien 190,080 ciclos por 8 horas de sueño. Así que mi teoría es que, biofísicamente, el cerebro almacena energía electromagnética durante el sueño nocturno para usarla al siguiente día. Es como si estuviéramos conectados al plantea sin cables, cargando baterías.

Durante el día sucede lo contrario. Supongamos que la persona está en actividad y gastando 14 ciclos por segundo de su energía eléctrica cerebral, el planeta le brinda la constante de 8 ciclos así que el resultado es que ahora no gana, pierde o gasta 6 ciclos por segundo y entonces la cuenta de lo que ganó por la noche ahora es regresiva, es decir, de día el cerebro gasta 6 ciclos por segundo, 360 ciclos por minuto, 21,600 ciclos por hora, 129,600 ciclos por 6 horas de actividad y 172,800 ciclos por 8 horas de trabajo. Ya gastadas las energías almacenadas la noche anterior, llega la noche y nuestras hormonas de crecimiento y melatonina nos mandan a dormir para volver a almacenar otra vez la energía vital del núcleo de la Tierra e iniciar un nuevo día.

Esta grafica puede darnos mejor idea de lo que pasa durante el día y la noche acerca de la energía vital electromagnética que recibe el cerebro durante el sueño y su balance al gastarla durante el día. Todos los números son en ciclos por segundo.

TABLA DE RELACIÓN ENTRE EL CAMPO MAGNÉTICO TERRESTRE Y EL CEREBRO EN CICLOS POR SEGUNDO.

	Sueño	Actividad normal	Trabajando	Estudiando
Electro-magnetismo terrestre (emisor)	8	8	8	8
Cerebro (receptor)	-2	-12	-14	-18
Ganancia (+) o perdida (-) en ciclos por seg.	+ 6	-4	-6	-10
Por minuto	+360		-360	
Por hora	+21,600		-21,600	
Por 8 horas	+172,800		-172,800	

En el balance de las energías que entran y se almacenan en el cerebro al dormir y se gastan o vacían al estar despierto, debemos recordar que el cerebro, como todo en la vida, tiene un límite de almacenamiento de energía y que no por mucho dormir o dormir de más vamos a tener un súper cerebro. De hecho el cerebro también se satura de energía y tiene mecanismos bioquímicos y eléctricos que nos despiertan para salir a gastar la energía recobrada.

Así el ciclo terrestre de día y noche se asemeja mucho al ciclo de limpiar y nutrir para poder reparar los órganos y restaurar la salud. De noche nutrimos nuestro cerebro de energía vital electromagnética de la tierra, almacenándola; y de día la usamos, la gastamos en nuestros procesos vitales electromagnéticos como la función cerebral (pensamientos), la glandular (emociones), el latido del corazón (palpitaciones) y la respiración (inhalar y exhalar).

Sin esta energía vital electromagnética de la tierra, el cerebro no obtiene su fuente de energía (¿primaria? o ¿secundaria? Habrá que estudiar más para saberlo) y el cómputo cerebral o sus pensamientos se empiezan a trastornar. Ya dijimos arriba que una persona que no duerme absolutamente nada alucina y se vuelve loca o esquizofrénica en no menos de 5 días. *Así que la salud mental está íntimamente relacionada a la calidad y cantidad de sueño.*

Lo que no he visto hasta ahora es una explicación, científica y lógica a este fenómeno por algún otro autor, aunque es posible que ya se haya escrito o divulgado porque la realidad es que es muy simple y no creo ser el único que haya encontrado este mecanismo de recarga de energía vital del cerebro. Si alguien sabe que esta teoría ya se describió antes, mucho le agradeceré me envíe un correo electrónico con la publicación. Es posible que los astronautas de la NASA ya hayan descubierto algo como esto.

¿Cuántos ciclos de corriente electromagnética almacenaste la última noche? ¿Cuánta energía electromagnética de la tierra guardaste la última noche que dormiste? Porque de acuerdo a eso y a otras fuentes de nutrición que están en el viento, el agua y la tierra, es la cantidad de energía que dispones el día de hoy para gastar.

¡Nutre bien tu cerebro, llénalo de energía, duerme bien y felices sueños!

Pasemos ahora al elemento tierra y todos los alimentos que provienen de ella y nos nutren.

CAPÍTULO 14

La buena nutrición: *el elemento tierra,* alimentos que sanan: vegetales

Esta es la **lista blanca** de alimentos naturales y nutritivos que provienen de la tierra.

ALIMENTOS QUE SANAN

Frutas, vegetales, semillas, miel y cereales, aceites esenciales: comer del diario

Frutas (kiwis, manzana, papaya, plátano, sandía, melón, pera, piña, mango, uvas, etc.) al natural o su jugo 1 o 2 veces por día. (No tomarlos por la noche).

Semillas Secas (nuez, almendras, granola, cacahuate, semillas de calabaza, girasol, ajonjolí, amaranto, etc.) Sin sal ni azúcar y sin tostar.

Ensaladas de vegetales crudos y cocidos (calabacitas, chayote, elotes, nabos, berros, lechuga, zanahoria, papa, perejil, rábanos, pepinos, jícama, aguacate, apio, tomate, cebolla, jitomate, repollo (col), acelgas, espinacas, coliflor, nopales, brócoli, berenjenas, yuca, portobello, chile (dulce o picante), etc.).

Germinados: de alfalfa, de soya, de trigo, etc.

Pan integral de trigo o de centeno, SIN LEVADURA.

Cereales calientes (arroz integral, maíz, avena, trigo integral, cebada perla, millo, amaranto, quinoa, cus cus, chia). Con **leche de soya, almendras, arroz, avena o de coco.** Si tiene artritis, alta presión, sinusitis, obesidad, asma **elimine inmediatamente** la leche de vaca, sus derivados y sustitúyala por leche de almendras.

Miel de abeja o de maguey (agave) para endulzar (Si es diabético la de maguey es lo mejor).

Tomar de 4 a 8 vasos de **agua alcalina** diaria (8 onzas) según la estatura (bajito: 4 vasos por día, mediano: 6 vasos por día, y alto: 8 vasos por día) Refrescos de frutas naturales, sin azúcar. Sal de mar para todos sus guisos.

Use **aceite vegetal de semilla de uva o de aguacate** para todos sus guisos ya que no se descompone a la cocción. El aceite de olivo puro y extra virgen es excelente como aderezo, pero al cocinarlo se descompone. Aderece las ensaladas con: aceite de olivo puro y extra virgen, limón y sal de mar o miel de abeja.

Leguminosas, huevo, proteína vegetal y pescados: comer de 2-4 veces por semana

Leguminosas (frijoles, lentejas, habas, chícharos, garbanzo, ejotes, soya).

Huevos orgánicos (de patio, rancho, sin hormonas). Carne de soya, jamón de soya, bologna de soya, salchicha de soya, tocino de soya, y queso de soya (TOFU), todo 100% natural y vegetariano, **que no tenga levadura**. Berenjena.

Pescado (que sea de escamas y aletas como el salmón, mojarra o tilapia, róbalo, guachinango, dorado, pargo, pámpano, trucha, mero, bacalao) congelado o bien fresco, de mar o de río o laguna que no esté contaminada, de 1 a 3 veces por semana.

Yogurt natural hecho en casa con leche de soya o de almendras o de coco y sin azúcar, para endulzar puede agregar miel de abeja y frutas naturales: de una a tres veces por semana. Requesón o queso cottage orgánico (sin hormonas) una sola vez por semana. Busque y aprenda la cocina vegetariana y recuerde:

**"Sin un plan alimenticio natural no
hay restauración de la salud"**

"Sin dieta naturista no hay sanación"

Clasificación de los alimentos nutritivos por grupos:

Todos estos alimentos naturales y nutritivos de
la lista blanca de los *alimentos que sanan* los
podemos agrupar de la siguiente manera:

A. VEGETALES: crudos y cocidos.

B. FRUTAS, miel de abeja y otras mieles.

C. GRANOS: semillas secas, cereales y leguminosas.

D. HUEVO orgánico. Suero de leche orgánico.

E. PESCADOS, de escama solamente.

De todos estos alimentos el único que no pertenece al elemento tierra es el pescado que vive en el elemento de agua y se alimenta de lo que produce la tierra en el agua usando la energía solar, el plancton. De igual modo, todos los alimentos vegetales que comemos contienen el elemento agua y utilizaron la energía solar para su formación (elemento fuego) con la ayuda del oxigeno, elemento aire.

Dedicaré un espacio al pescado más adelante. Veamos uno a uno los grupos de alimentos naturales, nutritivos, alcalinos y buenos para la salud, pero antes, haré unos comentarios que considero importantes, acerca de la ciencia ortodoxa de la nutrición.

La ciencia de la nutrición, la oficial u ortodoxa, la aceptada y tolerada por gobiernos y países, enfoca su atención al valor calórico de los alimentos y los divide según el contenido en carbohidratos, proteínas, grasas, vitaminas y minerales. El valor calórico o caloría es la cantidad de energía (calor) que desprende cada uno de estos elementos al quemarlo en un tubo de ensayo de laboratorio. De ese modo, quemar en laboratorio un gramo de carbohidrato genera 3 calorías, uno de proteína genera 3 calorías y un gramo de grasa genera 9 calorías. Las grasas contienen el triple de energía que los carbohidratos y las proteínas y resulta más sabrosa al paladar por la razón de que cuando el ser humano era nómada y no era agricultor, al comer grasa sentía que tenía más energía y menos hambre por más tiempo que al comer granos y frutas.

La definición de un gramo caloría es la energía que se requiere para subir la temperatura de un gramo de agua hasta 1 grado centígrado. Esta definición es tan antigua, que el Profesor Nicholas Clement la describió en el año de 1824 como una unidad de calor (15). Sin embargo, nuestro cuerpo no tiene un fuego que "queme" los carbohidratos las proteínas y las grasas del mismo modo que se hace en un laboratorio. Nuestro cuerpo "quema" o más bien metaboliza, usa o utiliza los alimentos en forma natural de otro modo. Cuenta con decenas de procesos bioquímicos que tienen lugar mayormente en el hígado pero participan las glándulas digestivas del estómago, el páncreas, la flora intestinal y la vesícula biliar. Esto, más los procesos que luego se llevan a cabo en todas y cada una de las células de todo el cuerpo.

A ti como persona no debiera interesarte cuanta energía calórica le puedas sacar a un alimento en particular. Eso no determina tu nivel de salud, solo determina tu nivel de peso y/o sobrepeso, hambre o saciedad. Lo que debiera interesarte respecto a un alimento es **lo que verdaderamente determina tu nivel de salud y esto** *no es su valor calórico, es su valor nutritivo.*

Así que cuando estés frente a un alimento

OLVIDA SUS CALORÍAS, CONCÉNTRATE EN SU NUTRICIÓN.

PREGÚNTATE ¿ES TÓXICO? O ¿ES NUTRITIVO?

¿ME AYUDARÍA A ESTAR SANO O SANAR? O ¿ME ENFERMARÍA?

El concepto de caloría es anacrónico y obsoleto. Ya no tiene vigencia para los que nos dedicamos profesionalmente a ayudar a recobrar la salud de los enfermos en forma natural. El nuevo concepto que reemplaza la caloría debiera ser el de nutrición y su contraparte la toxicidad.

Pregúntate: ¿es nutritivo? o ¿es tóxico? ¿Está en la lista blanca de alimentos que sanan, naturales, nutritivos y saludables del Plan Alimenticio Naturista General del Dr. Silverio Salinas? O ¿está en la lista negra de alimentos que enferman?

En mi opinión profesional, y muy particular, *la ciencia de la nutrición está equivocada al recomendar ingerir proteína de origen animal,* particularmente la que está ligada o contiene sangre (puerco, res, venado, conejo, pollo, pavo, etc.). Si bien es cierto que debemos de consumir proteína, esta no tiene que ser de animal muerto, cadáver en proceso de putrefacción o carroña. No somos animales carroñeros, nuestro cuerpo no está diseñado para comer carnes como lo demuestro públicamente en mis conferencias sobre "El diseño de Dios para la salud natural del hombre". La proteína la podemos obtener de recursos más nutritivos y menos tóxicos como los granos: cereales, semillas, leguminosas, o bien del huevo orgánico, las berenjenas la soya etc.

La nutrición ortodoxa olvida el valor tóxico de los alimentos y responde a los intereses ya creados sobre las tendencias de la industria de la alimentación. Con todo respeto, sus recomendaciones y preceptos deben de revisarse más cuidadosamente, haciendo un balance entre el valor nutritivo y el valor tóxico de un alimento. Si a un pedazo de cadáver de res, con muchos días o meses de haber muerto el animal, no lo consideran tóxico entonces algo anda mal en nuestras mentes.

Parece que no hay claridad entre lo que es bueno y lo que es malo. Lo que es nutritivo y lo que no lo es. Lo que es tóxico y lo que no lo es. Esa mentalidad no contribuye en absoluto a encontrar la restauración o la recuperación de todas las enfermedades crónico degenerativas, al contrario, mantiene el estatus de incurabilidad de las mismas. ¿A quién le interesa mantener la incurabilidad de las enfermedades? Definitivamente no creo que a ti, amable lector.

Insisto en el respeto, porque los nutriólogos son mis hermanos, y los respeto y los amo en el amor de Cristo. Sin embargo, no comparto sus consejos. No conozco a nadie, absolutamente a nadie, que se haya restaurado totalmente de artritis, alta presión, cáncer, diabetes, leucemia, lupus, y otras enfermedades degenerativas comiendo cadáveres de res o pollo, mucho menos puerco. En cambio, conozco decenas, cientos y miles de personas que, siguiendo mi método 100% natural, y habiendo dejado de comer carne y todos los alimentos industrializados, enlistados en la lista negra del

Plan Alimenticio Naturista General, restauraron su salud y se olvidaron de sus antiguas enfermedades.

Si la ciencia de la nutrición ortodoxa no cambia sus preceptos, entonces el futuro de nuestros países tampoco cambiara. Seguirán los mexicanos enfrentando y sufriendo el primer lugar de niños con sobrepeso y obesidad, además de seguir con la diabetes como causa número uno de muerte. Los estadounidenses y mexico-americanos seguiremos sufriendo el cáncer como segunda causa de muerte y las enfermedades cardiovasculares como la primera.

Veamos ahora los alimentos nutritivos que ayudan a sanar y a mantenerse sanos uno por uno:

A. **VEGETALES: crudos y cocidos.**

1.- *Ensalada de vegetales crudos*. Una rama del naturismo se llama *crudivorísmo*. EL crudivorísmo consiste en comer todo lo que se pueda comer de vegetales crudos. En mis 25 años de experiencia he tenido contacto con personas que han sanado de enfermedades incurables practicando esta rama.

Comer un plato de ensalada cruda diariamente, que contenga una combinación de tres o más de los siguientes vegetales: lechuga (de cualquier tipo) tomate, cebolla, pimiento morrón, pepinos, acelgas, rábanos, espinacas, brócoli, zanahoria, cebolla morada, remolacha o betabel, repollo o col, germinado de soya o alfalfa y muchos otros vegetales más, nos ayuda a nutrir y reparar nuestros cuerpos por su alto contenido en:

- MINERALES

- CLOROFILA

- FIBRA VEGETAL

- AGUA

Los minerales son sustancias que el cuerpo necesita en pequeñas cantidades pero que existen en muchas variedades. El cuerpo está constituido de 73 minerales diferentes. Los minerales, junto con las vitaminas, los aminoácidos, los aceites omegas y los carbohidratos naturales son al cuerpo humano lo que las refacciones al motor de un coche.

Considero a los minerales como una fuente de refacciones importante para ayudar a reparar lo que esté enfermo, descompuesto o en desorden. Los minerales más conocidos y más requeridos son el sodio, el potasio, el calcio, el magnesio, manganeso, litio, selenio, zinc, etc. Tienen funciones muy diversas, desde transmitir impulsos eléctricos a través de los nervios mediante el sodio y el potasio, hasta servir de unión y amarre de las moléculas del colágeno y la elastina mediante el zinc.

El error de las personas es que comen casi exactamente lo mismo cada semana. Prueba de ello es que cada vez que van al supermercado compran casi siempre lo mismo que compraron la semana anterior en el 95% de los casos. Si comen solamente tomate, lechuga y cebolla (típico en México), eso significa que están comiendo siempre los mismos minerales, supongamos que comen 30 minerales y el resto (43 más) los dejaron en el supermercado porque no acostumbran a variar los alimentos.

Junto con las vitaminas, los minerales nos ayudan a mantener saludable nuestro sistema inmune de defensas y nos protegen de gripas y catarros frecuentes, alergias, enfermedades respiratorias, cáncer y muchos otros padecimientos.

La clorofila es el pigmento verde de las plantas. Su molécula es muy similar a la de la hemoglobina de la sangre con la diferencia que esta contiene hierro en el centro y la clorofila contiene una molécula de magnesio. La clorofila utiliza la energía solar para sintetizar sustancias que dan energía celular. De hecho, al igual que la hemoglobina acarrea oxígeno en la sangre, así también la clorofila oxigena nuestra sangre. El oxigenar la sangre tiene muchos beneficios:

- Elimina radicales libres

- Se convierte en energía celular

- Repara células enfermas

- Rejuvenece células buenas

- Destruye células cancerosas

- Deshace tumores benignos y malignos

- Repigmenta el cabello, ayudando a evitar y a eliminar canas.

- Ayuda a restaurar la salud

La fibra vegetal que contienen los vegetales crudos sirve especialmente para evitar la congestión y el estancamiento de los desechos tóxicos en el colon (heces fecales o excrementos), al actuar en la formación del "bolo alimenticio". Combinado con la ingesta apropiada de agua, la fibra vegetal evita el estreñimiento, los pólipos, la diverticulitis y las hemorroides.

El estreñimiento es un problema serio en nuestra sociedad que tradicionalmente come poca fibra vegetal. Comer un plato de ensalada cruda diario y suficiente agua lo resolvería sin medicamentos. Ideal sería agregar al plato de ensalada un aceite vegetal, de preferencia de olivo, extra virgen, prensado en frio. Esto trae otros beneficios, como el de aportar los omegas 3, 6 y 9 con sus ya conocidos beneficios, uno de ellos, el de destapar venas y arterias del colesterol acumulado.

2.- Vegetales Cocidos: comer todos los días un plato de vegetales cocidos (de preferencia al vapor para conservar sus vitaminas) nos proporciona carbohidratos con un alto valor energético, es decir, nos dan energía.

Usted puede combinar dos o tres (y más si desea) de los siguientes vegetales o "viandas": calabaza, papa, chayote, camote, zanahoria, betabel, espárragos, nopales, alcachofa, brócoli, coliflor, berenjena, y muchos otros más nos ayudaría a obtener energía vital para el trabajo del día.

También contienen minerales y algunas vitaminas que sirven de refacciones para reparar y restaurar la salud de las células y los órganos.

Para estructurar una lista de alimentos ricos y nutritivos, ver la lista de los cinco excelentes hábitos de nutrición en el Cap. 17. Herramienta No 1.

CAPÍTULO 15

Alimentos que sanan:
frutas, miel de abeja y granos.

B. FRUTAS Y MIEL DE ABEJA.

Todas las mañanas, sin falta, recomiendo comer un plato de frutas con miel de abeja, semillas, aceite de linaza y yogurt de soya o de coco. Se obtiene mucha energía de las frutas y la miel de abejas por su altísimo contenido en azúcares naturales (carbohidratos), vitaminas y minerales. Además, las frutas contienen enzimas que sirven para digerir otros alimentos, como la **papaína** de la papaya o la **bromelina** de la piña. Estas enzimas son catalizadores de reacciones metabólicas que incluso tienen propiedades antinflamatorias.

El altísimo contenido de agua en las frutas es también esencial para mantener hidratadas nuestras células y nuestra piel manteniéndola joven por muchos años. Su alto contenido de vitaminas y minerales elevan las defensas inmunes y evita que enfermemos fácilmente. Por ejemplo: el ácido ascórbico o vitamina C de la naranja y el limón nos protegen de gripas y catarros. El potasio y el alto contenido de glucosa natural del plátano evitan la debilidad y el decaimiento físico. Especial atención merecen las vitaminas de las frutas, todas sirven como refacciones para reparar y formar órganos y tejidos. En otro libro hablaremos con más detalle sobre cada una de ellas.

Comer durante el desayuno un plato de frutas con miel de abeja nos garantiza energía vital para todo el día.

Los nutrientes de las frutas también sirven como refacciones para reparar células, órganos y tejidos de todo el cuerpo, y nos ayudan a restaurar la salud y el bienestar e incluso ayudan a rejuvenecer.

Las frutas las podemos agrupar en dulces, agridulces y agrias. La manzana y la guayaba se consideran agridulces y se pueden mezclar con todas las demás. En cambio, no se deben de mezclar las frutas agrias como el limón, la naranja, la mandarina y la piña con las frutas dulces como el plátano, el mango y la uva dulce porque la reacción en el estómago es de mala digestión con algunas molestias estomacales, aunque esto no sucede a todas las personas. La regla de oro para comer frutas es la siguiente:

Frutas dulces se combinan con frutas dulces y agridulces. Frutas acidas o agrias se combinan con frutas acidas o agrias y agridulces.

Frutas agridulces se combinan con frutas dulces y frutas acidas.

La miel de abeja es un fluido dulce y viscoso producido por las abejas a partir del néctar de las flores o de secreciones de partes vivas de plantas o de excreciones de insectos chupadores de plantas (16). Al igual que las frutas contiene altas cantidades de diversos azúcares naturales (carbohidratos) que nos proporcionan mucha energía. Existen más de 20 tipos de azúcares o dulce natural tanto en la miel como en las frutas, pero los más comunes son la fructosa, la glucosa, la sacarosa y la maltosa.

Los pediatras no aconsejan alimentar con miel de abeja a los bebés porque podría enfermarse de botulismo y esta enfermedad es muy peligrosa. Resulta que la espora del *Clostridium botulinum* es de las pocas bacterias que sobreviven a la miel y los jugos digestivos del bebé no son lo suficiente ácidos para destruirlas. Después de los *tres años* de edad ya hay suficiente ácido en el estómago para digerir y tolerar la miel de abeja sin riesgo de intoxicación por botulismo (16).

La miel de abeja no se rancia, no caduca. Mata bacterias y es antiséptica. Las levaduras (hongos) del aire no prosperan en ella. En unas pirámides de Egipto encontraron cuatro jarrones llenos de miel con más de 3 mil años de vigencia y en buenas condiciones. Por sus propiedades se usa externamente para sanar y cicatrizar heridas, en llagas infectadas sirve de antiséptico. En cosmetología se usa para rejuvenecer la cara y se mezcla con muchos otros ingredientes naturales para conservarlos.

El perfecto *aditivo energético* para acompañar el desayuno y las meriendas es la miel de abeja. Se puede usar en las frutas y en los panes o galletas integrales sin levadura. Además de los azúcares mencionados, contiene vitaminas, enzimas y antioxidantes que se volatilizan si se cocina la miel a más de 50 grados centígrados. La *miel de maple* 100% natural es riquísima al utilizarse en los hot cakes integrales. La *jalea real* es aún más energética que la miel. Se impregna un palillo o mondadientes (1 cm) y se toma en ayunas diariamente.

El mejor sustituto del café es una taza de té (manzanilla, hierbabuena o cualquier té que no tenga cafeína) con una o dos cucharadas de miel. Incluso da mucha más energía que el café y sin los efectos colaterales indeseables.

Hay diferencias entre la miel clara y la miel obscura. La clara es la que las abejas liban solamente en un tipo de flor (como la flor de azahar) normalmente en los lugares donde hay cultivos. La miel obscura normalmente se obtiene de las abejas del campo, el monte o el bosque que liban en diversos tipos de flores. Personalmente prefiero la obscura porque tiene mayores efectos terapéuticos aunque no se consigue fácilmente.

La miel natural y de flores es transparente y se solidifica en tiempos de frio a temperaturas menores de los 14 grados centígrados. Se recomienda colocarla en baño maría para hacerla líquida de nuevo.

Una alternativa para los diabéticos es utilizar **miel de agave** (maguey) para endulzar ya que su contenido en glucosa es muy bajo y sí contiene otros azúcares que no suben el azúcar. La miel de abeja contiene desde un 20 hasta un 40% de glucosa y podría subir el azúcar a algunos diabéticos.

C. GRANOS: semillas secas, cereales integrales y leguminosas.

1. SEMILLAS SECAS

Las semillas secas (nuez, almendras, cacahuates, girasol, calabaza, ajonjolí, alpiste, etc.) sin sal, sin azúcar, sin tostar, tienen un alto contenido en aceites omegas 3, 6 y 9. Estos son aceites esenciales que el cuerpo no produce y por lo tanto necesitan ser incluidos en la dieta.

Las funciones de los aceites omegas son las siguientes:

- Mejoran la calidad del sistema inmune de defensa

- Son el elemento principal de la masa cerebral

- Mejoran la memoria y la concentración

- Aumentan la inteligencia

- Ayudan a restaurarse de la depresión

- Brindan energía vital

- Ayudan a la producción de hormonas sexuales

- Limpian las arterias de colesterol

- Bajan los niveles de colesterol en sangre

- Ayudan a restaurarse de la alta presión y enfermedades del corazón.

- Ayudan a combatir el cáncer

EL pescado de escama también tiene altos contenidos de aceite omega 3 (sobre todo el salmón).

El mensaje aquí es que debemos de comer todos los días un puñado como mínimo de semillas secas. La fuente más rica de aceites omegas 3, 6, y 9 la obtenemos del aceite de linaza.

2. CEREALES INTEGRALES

Todos los días debemos de incluir en nuestra dieta cualquiera de los *cereales integrales* como son el arroz, maíz, trigo, avena, cebada, centeno, millo.

El hombre dejó de ser nómada, recolector y cazador al domesticar los cereales, asegurándose así una fuente permanente de alimentación para poder estacionarse en un pueblo o ciudad. Así nacieron las grandes civilizaciones, en Europa alrededor del trigo, en Oriente alrededor del arroz y en América alrededor del maíz.

Un cereal es una planta que produce una semilla que normalmente sirve de alimento. Esta semilla de cereal tiene tres partes; el interior de almidón (un carbohidrato), el germen y la cascara. A veces el almidón tiene gluten, una proteína indispensable para formar tejidos y músculos; el trigo es el que más gluten tiene. El germen es de donde saldrá una nueva planta y contiene mayormente aceites. La cascara contiene fibra vegetal (celulosa) indispensable para evitar el estreñimiento. Todo el conjunto del grano tiene además vitaminas y minerales.

La industrialización del cereal es el que ha arruinado la nutrición de la humanidad. Por ejemplo, al trigo le retiran la cascara y el germen con la que se forma el salvado y este se lo dan a los puercos y las vacas para engordarlos de músculo y luego matarlos y darte a ti la carne putrefacta de estos animalitos. El almidón que queda sirve para hacer harina de trigo refinada que desafortunadamente, ya sin fibra, estriñe y constipa a las personas y, además, su muy alto valor calórico la hace especial para subir de peso a quienes la consumen. Otro error de la humanidad es el hacer pan con levadura, o harinas con levadura, ya que esta es un hongo que, a largo plazo, infecta la sangre y causa lo que se llama en medicina CANDIDIASIS con una veintena de síntomas que van desde la caída del pelo y hongos en las uñas hasta el eccema y la depresión.

En lugar de darles el salvado y el germen a los animales, mejor comerlo nosotros. Lo nutritivo se lo dan a las bestias y la gordura nos la dan a nosotros. Si Dios Padre creó el trigo completo con todos sus nutrientes ¿para qué restarle o quitarle propiedades? Normalmente esto se hace por comerciar mejor, por ganar más dinero. Lo mismo hay que decir del arroz y el maíz. Debemos procurar comer diariamente cualquiera de estos cereales integrales. Su alto contenido en carbohidratos nos dan energía vital y sus aceites, proteína, vitaminas y minerales nos ayudan a reparar órganos y tejidos.

Cambiemos los cereales fríos, de caja, por cereales calientes como la avena entera o la cebada perla, ligeramente cocidas en agua o leche de almendras. Podemos preparar arroz cocido con leche de almendras. Crema de trigo integral cocido en leche de almendras o de coco.

Los cereales calientes en el desayuno, solo los recomiendo un día sí y otro no. El día que no se come cereal caliente se cambia por huevo orgánico.

3. LEGUMINOSAS

Todos los días, o por lo menos 3 veces por semana debemos incluir en la dieta *leguminosas*: frijol (alubias, judías, habichuelas, porotos, caraotas, según el país cambia el nombre) habas, chicharos, garbanzos, ejotes, soya. Estas semillas tienen un alto contenido en proteínas o aminoácidos, muchos minerales y carbohidratos. Contienen hierro, calcio, fosforo y más minerales. En ellas encontramos el aminoácido *lisina* que no hay en el cereal. Se dice que el aminoácido que no tienen los cereales lo tienen los frijoles y viceversa. El 60% de los frijoles son carbohidratos, el 20% son de proteína y el resto de vitaminas, minerales y lípidos o grasas.

Los aminoácidos se unen y forman proteínas. Estas son macromoléculas, productos nitrogenados que cumplen con varias funciones en el cuerpo a saber:

- Estructurales (sirven para crear estructuras como músculos, hueso, cartílago, colágeno y queratina de la piel)

- Reguladoras (insulina y hormona de crecimiento)

- Transportadora (de hemoglobina en sangre)

- Defensiva (anticuerpos)

- Enzimática

- Contráctil (miosina del musculo)

Por ser productos altamente nitrogenados, su metabolismo produce nitrógeno de la urea, urea, ácido úrico. Por esta razón su consumo, aunque necesario, debe de ser moderado. La dieta oriental de los campos solo contiene un 8 a un 15% de proteína, mientras los occidentales duplicamos y hasta triplicamos esa cantidad.

Otras fuentes de proteína vegetal la obtenemos de los champiñones, zetas, berenjenas que también deben de comerse con moderación. Mi recomendación, por ejemplo, es que por cada 5 cucharadas de arroz, se agregue una de cualquier leguminosa (chícharo, garbanzo, lentejas, frijol, habas, etc.). Exceso de proteína, de cualquier origen, vegetal o animal, puede causar ácido úrico (gota) con dolores e inflamación articulares.

Veamos en el próximo capítulo otras fuentes de proteína.

CAPÍTULO 16

Alimentos que sanan: proteína vegetal, huevo orgánico y pescado.

PROTEÍNA VEGETAL

La proteína vegetal. Es un mito que la proteína debe de ser de cadáver de res o de cadáver de pollo o de cualquier otro cadáver de animal muerto en proceso de putrefacción. La proteína no tiene que ser de un animal muerto pudriéndose. La razón que aducen es que solo la carne tiene todos los aminoácidos esenciales para producir proteína.

Esa razón está fuera de toda lógica cuando preguntamos a los carnívoros: ¿de dónde obtiene la vaca su proteína? ¿Acaso la vaca come vaca? No. La vaca come PASTO y del pasto y los granos obtiene su proteína, lo mismo podemos hacer nosotros. No hay necesidad de terciar la fuente de proteína, saltémonos el paso de comer vaca y comamos el pasto y los granos.

Además, al comer distintas variedades de vegetales (semillas, cereales, leguminosas, berenjenas) obtenemos, en suficiente calidad y cantidad, los aminoácidos que requerimos para producir las proteínas necesarias para nuestra salud. El huevo y el suero de leche *orgánicos* son también fuentes riquísimas de proteína de muy fácil absorción.

Personalmente tengo 22 años de no comer cadáver de res y 12 de no comer cadáver de pollo. También tengo 10 años de no tomar leche ni comer de sus derivados. Practico natación en el mar, hago ejercicio y sin mucho esfuerzo puedo hacer 100 planchas en 60 segundos. He retado a muchos carnívoros a hacer esas 100 planchas en 60 segundos y hasta el día de hoy no he encontrado a uno solo que logre hacer siquiera la mitad.

Un dicho popular entre los vegetarianos reza así:

"Quieres estar fuerte como un toro, no te comas al toro, come lo que come el toro"

¿Qué come el toro? Pasto verde y granos. De ahí saca también sus proteínas.

D.- HUEVO ORGÁNICO y SUERO DE LECHE ORGÁNICO.

Para animar mis conferencias menciono que el huevo que recomiendo es el huevo orgánico, libre de hormonas; lo denomino divertidamente huevo de gallo-gallina, de patio, de rancho, de gallina libre, feliz y contenta casada con su gallo y no de gallina de granja, encerrada, solterona e histérica, que le alimentan con hormonas para que produzca huevo a la fuerza. Este huevo industrializado contiene hormonas estrogénicas del alimento de la gallina. Estas hormonas son solo una de las causas de las muchas que hay de esta gran epidemia de cáncer que vive el mundo occidentalizado.

Protegido por su cascara, el huevo tiene un altísimo contenido de proteína en forma de albumina que es la clara o parte blanca del huevo. EL 90% de la clara es agua y el resto es proteína. Con un 94% de absorción, la clara de huevo fue la favorita de los fisicoculturistas para generar musculo hasta que se descubrió que el suero de la leche (whey protein en inglés) tenía una mejor absorción (96%).

La parte amarilla es rica en lípidos o grasas y además contiene la vitamina B 12 o cianocobalamina, la tiamina, el hierro y la vitamina A. Otras vitaminas que contiene el huevo son la riboflavina (B 2), ácido pantoténico (B 5) y ácido fólico (B 9). Además del hierro, el huevo contiene otros minerales como el calcio, magnesio, fósforo, potasio y zinc. (16).

Sobre las grasas que contiene, *el colesterol*, se encuentra en la yema a razón de 420 mg. por cada 100 gramos. Existe gran controversia sobre si se debe o no recomendar el huevo en personas con enfermedades cardiovasculares por la buena cantidad de colesterol que contiene. Mi experiencia indica que estas enfermedades se logran revertir, aun comiendo huevos, siempre y cuando no excedan de tres a cuatro veces por semana. Además de colesterol, el huevo contiene lecitina que es un fosfolípido que limpiaría el colesterol malo de la sangre.

Existen muchas personas que por miedo al colesterol y por recomendación de su médico, solo comen la clara del huevo porque en la yema esta la grasa. En la dieta que yo recomiendo, donde las fuentes de vitamina B 12 son totalmente eliminadas (carne y leche), mi consejo es que se coma huevo orgánico completo para restaurar la B 12 y así evitar la anemia ya que esta vitamina fija el hierro a la hemoglobina de la sangre. De ahí la fama de que los vegetarianos puros que no toman lácteos ni huevos frecuentemente padecen de anemia.

El huevo es importante como nutrición para la mujer embarazada, ya que la *colina* que contiene en la *lecitina* facilita el desarrollo del sistema nervioso central (cerebro) del embrión y del feto. Al transformarse en *acetilcolina*, mejora la memoria del ser humano.

El huevo mejora la visión y evita las cataratas por su contenido en *luteína* y *caxantina*. (16)

SUERO DE LECHE ORGÁNICO: ya que lo mencioné, el suero de leche orgánico es el único que recomiendo de todos los lácteos. Este suero lo podemos conseguir *en polvo* (whey protein, en inglés, para fisicoculturistas), en forma de *requesón* y *queso cottage orgánico* (de vaca no lechera que produce leche en forma natural para su becerrito y sin hormonas). El requesón es medio seco y el queso cottage es un requesón medio húmedo.

Sus proteínas son sulfuradas y eso ayuda, junto con los aceites omegas 3, 6 y 9 a reparar la membrana celular de células enfermas o en mal estado.

En personas con cáncer recomiendo un postre anti cancerígeno a base de queso cottage orgánico más aceite de linaza puro, miel de abeja y fruta.

E.- PESCADO DE ESCAMA

Los pescados los podemos dividir en dos grandes grupos, los de piel lisa y los de escamas. Para fines prácticos recomendamos solo ingerir pescados de escama, ya sean de mar o de rio. La razón científica es que los pescados de piel lisa como el tiburón y el marlín viven muchos años y tienen más tiempo intoxicándose en el agua. Bíblicamente se menciona que se prefieran los pescados de escama a los de piel lisa.

Los pescados de escama son muchos y muy variados de acuerdo a la región y área del mundo donde usted viva. Por lo pronto mencionaremos de la región de México y los EUA para que tengas una idea de que pescados puedes comer: salmón, mojarra (tilapia), robalo, pargo, mero, lisa, lebrilla, pámpano, negrilla, trucha, huachinango, basa, bacalao y muchos otros poco conocidos.

En general, todos los pescados son ricos en proteínas, minerales y aceites esenciales. Los pescados de mar son excepcionalmente ricos en ácidos grasos insaturados, omega 3 y minerales como el yodo, zinc, fosforo y selenio. Esto ayuda a bajar el colesterol malo de la sangre mejorando el sistema circulatorio y toda la salud. Aumentan las defensas inmunes y se sabe tienen un efecto anti cancerígeno. El aceite de hígado de bacalao, por ejemplo es riquísimo en vitamina D y esto ayuda a eliminar el raquitismo.

Las proteínas del pescado ayudan a construir y reparar músculos. Nos dan energía física y muscular para hacer ejercicio. Los aceites omegas nos benefician grandemente porque además de las propiedades que le otorgamos a los aceites omegas en la sección de las semillas, hay que agregar que estos aceites esenciales son excelente nutrición para el cerebro. Tú debes de saber que el 70% de la masa cerebral es agua y del 30% restante, el 70% son aceites omegas que promueven la inteligencia, la memoria y la concentración mental pero además, tienen un efecto antidepresivo muy importante.

CONCLUSIONES SOBRE EL SEGUNDO PASO: NUTRIR.

La buena nutrición se obtiene comiendo alimentos naturales y nutritivos. Con estos obtienes lo que yo llamo refacciones para reparar tus células, órganos y tejidos. Esta buena nutrición la obtenemos de agua alcalina, frutas, verduras, cereales, semillas, leguminosas y pescados en lo que a alimentos se refiere. Respirar aire fresco y limpio es también parte de la buena nutrición por el oxígeno que obtenemos, así como también el dormir de 6 a 8 horas diarias para recargar nuestra batería cerebral con electromagnetismo de la tierra. Recibir los rayos del sol por media hora a una hora diaria también ayuda en la buena nutrición para sintetizar nuestra vitamina D.

Tengo dos preguntas para saber si lo que vas a comer es bueno e o es malo para tu salud. Te las comparto para simplificar tus elecciones con respecto a los alimentos. Cuando tengas un alimento enfrente de ti, pregúntate a ti mismo:

PREGUNTA 1: ¿Lo **hizo Dios o lo hizo el hombre?** En otras palabras: ¿**es natural o es industrializado?**

PREGUNTA 2: ¿**Es animal que tiene sangre?** El pescado de escama es el único animal que no tiene sangre y puedes comer. Los mariscos (camarón, langosta, ostión, pulpo) aunque no tienen sangre NO SON PESCADOS y son muy tóxicos con grandes cantidades de colesterol del malo que tapa arterias y causan infartos al cerebro y el corazón.

Ahora te comparto mis cinco reglas al comer:

REGLA 1: NO COMER NINGÚN ANIMAL QUE TENGA SANGRE

(res, puerco, pollo, pavo, cabrito, carnero).

REGLA 2: NO COMER NINGÚN MARISCO (camarón, langosta, ostión, pulpo, cangrejo etc.)

REGLA 3: NO COMER ALIMENTOS INDUSTRIALIZADOS (con azúcar, cafeína, conservadores, colorantes y químicos)

REGLA 4: NO COMER FAST FOOD (comida rápida de restaurantes de franquicia)

REGLA 5: COMER SOLO ALIMENTOS NATURALES (frutas, verduras, semillas, cereales, leguminosas, pescado de escama y agua alcalina).

Pasemos ahora a la tercera y última parte de este libro: reparar.

Tercer paso:
reparar

CAPÍTULO 17

LAS HERRAMIENTAS PARA LA REPARACIÓN DE TU CUERPO

Si ya aplicaste los principios del primer y segundo paso, ya limpiaste tu cuerpo de toda clase de tóxicos, has decidido nutrirlo correctamente con toda clase de alimentos naturales

¡FELICIDADES!

Has llegado al *tercer paso:* el de la reparación de tu cuerpo, hasta donde la naturaleza de tus males y tu propia naturaleza lo permitan. Mi aportación a la medicina natural y general son las herramientas que pongo a tu disposición para que te ayudes a limpiar, nutrir y reparar tu organismo. Una vez puesta en práctica la utilización de dichas herramientas (dietas de transición, menús, plantas medicinales etc.) se inicia la reparación natural de órganos y tejidos (con sus consabidas limitaciones).

El resultado final que puedes esperar en un tiempo razonable (de tres a doce meses, según cada caso) es el de la restauración de tu salud y tu bienestar.

La reparación de células, órganos y tejidos conlleva a la restauración de la salud y el bienestar. No existe posibilidad de dicha reparación de células sin limpieza y nutrición. Limpiar y nutrir son un binomio que siempre estará junto, de la mano. La nutrición celular inicia el proceso de reparación siempre y cuando el ambiente donde vive la célula este limpio de impurezas, de otro modo, los nutrientes o refacciones no llegaran a su debido lugar en la célula.

Esquemáticamente seria así:

Proceso normal:

Alimentación ⟶ célula ⟶ desechos tóxicos ⟶ Limpieza, eliminación.

Proceso de enfermedad:

Mala Nutrición ⟶ desechos tóxicos ⟹ absorción celular ⟶ enfermedad.

Proceso de reparación:

Limpieza /Buena Nutrición ⟶ célula enferma ⟹ reparación celular ⟶ salud.

Las herramientas que presentaré sirven para alcanzar el propósito de lograr los tres procesos que nos ayudarán a decirle ADIÓS A LAS ENFERMEDADES EN TRES PASOS NATURALES:

LIMPIEZA   NUTRICIÓN   Y   REPARACIÓN

Recuerde que sin limpieza no habrá lugar a que los nutrientes hagan su trabajo de reparar las células. Los desechos tóxicos de las células y los químicos de los alimentos industrializados ocupan lugar y espacio en la célula y no dejan espacio para que las refacciones o nutrientes hagan su trabajo de reparación.

Estas son mis herramientas personales que utilizo en mi consulta regular para ayudar a restaurar la salud de mis clientes en México y mis seguidores en todo el mundo. Para fines del propósito de esta obra, que es el de aprender a limpiar, nutrir y reparar tu cuerpo y así, liberarte de las enfermedades crónico degenerativas, daré solo una breve explicación de lo que es cada herramienta y para qué sirve. Todas estas son parte del concepto de medicina etiopática que personalmente he desarrollado.

1. El Plan Alimenticio Naturista General.

   A) Lista negra de alimentos que enferman.

   B) Lista blanca de alimentos que sanan.

   C) Los cinco excelentes hábitos de nutrición naturista.

2. Reacción de Desintoxicación o "crisis curativa" y como resolverla.

3. La Cura del Limón contra toda clase de infecciones.

4. Menú 1 de transición para dejar las carnes rojas.

5. Menú 2 de transición para dejar el pollo y/o el pavo.

6. Menú 3 Plan Alimenticio Desintoxicante y Reductivo de 7 días.

7. Reglas del Menú 3.

8. Menú 4 Plan alimenticio Naturista General.

9. Formulas Exclusivas del Dr. Silverio Salinas.

10. Filtro Alcalino ION-WATER.

11. Hidroterapia de colon con agua alcalina vía oral.

12. Hidroterapia de colon con agua purificada vía rectal.

13. Lavativas o enemas.

14. Cancún Foot SPA. Limpieza acelerada.

15. Cama magnética MEXICA PMRT 12K60M. Restauración Celular Biomagnética.

16. TLALOC: restauración del balance energético.

17. Magnetos SS1 6K. Terapia Biomagnética.

18. Aurículo Analgesia.

Reparando tu cuerpo:

A continuación te voy a entregar una serie de herramientas que servirán para ayudarte a "reparar" tu cuerpo, hasta donde la naturaleza de tus problemas de salud lo permitan.

Te recuerdo que nuestros cuerpos tienen una programación genética para repararse y restaurarse normal y naturalmente si tuviera las "refacciones" adecuadas que en este caso son los nutrientes que ya mencionamos en los capítulos sobre nutrición.

Una prueba de este poder de regeneración y reparación es evidente cuando nos hacemos una herida cortante, el sangrado para en minutos aun sin que hagamos nada. La cicatriz se establece aun sin pensar en ella e incluso sin atender la herida.

Si la persona que se hirió no tiene los nutrientes correctos y necesarios, digamos, esta anémica. Entonces va a tardar más tiempo del normal tanto para parar el sangrado como para cicatrizar la herida. Es como el mecánico que desea reparar un motor y no tiene las refacciones adecuadas.

Si tenemos un cuerpo limpio y le brindamos la nutrición correcta, entonces los nutrientes funcionan como refacciones que van a ayudar a reparar nuestros cuerpos.

A continuación les describo cada una de mis herramientas que ayudan y sirven para lograr que la reparación del organismo y la restauración de la salud sean mucho más rápidas y eficientes. Esto es lo que normalmente le recomiendo a mis seguidores en cada consulta. Estos recursos están probados por 25 años y en cerca de 50 mil consultas profesionales del autor.

HERRAMIENTA 1:
Plan alimenticio naturista general.

Este plan lo inicié hace 23 años con el nombre de Dieta Naturista General. Incluye la lista negra de alimentos tóxicos, la lista blanca de los alimentos nutritivos y mi aportación más reciente a la nutrición naturista: los cinco excelentes hábitos nutricionales naturistas que te van a ayudar a salir de tus problemas de salud.

Excelente herramienta para saber lo que es bueno y lo que es malo al comer, como desayunar, como comer, como cenar, que merendar y que agua tomar. Es la regla para comer del naturista. Por sí solo, este Plan Alimenticio Naturista General es una herramienta poderosísima para ayudar a restaurar la salud de casi todas las enfermedades crónicas y degenerativas. Contiene en sí mismo los principios de limpieza al evitar la entrada a tu cuerpo de todos los alimentos tóxicos e industrializados descritos en la lista negra y al invitarte a tomar agua alcalina suficiente en calidad y cantidad.

Contienen todos los elementos nutritivos necesarios para la reparación de células, órganos y tejidos en la lista blanca de alimentos 100% naturales y altamente nutritivos. Así que cumple perfectamente los tres principios de sanidad motivo de este libro: limpiar, nutrir y reparar para decirle adiós a las enfermedades.

Este plan lo inicié en 1991, ejerciendo ya mi profesión como médico en Nuevo Laredo, México, con la lista negra de tan solo 7 elementos: comida enlatada, carnes rojas, carnes frías, café, azúcar, refrescos y harina blanca. Muy lentamente, conforme mi conciencia y mis nuevas experiencias me permitían aprender más sobre los alimentos que enferman y los que sanan, fui agregando más elementos tanto a la lista negra como a la blanca hasta confeccionar el mejor plan alimenticio naturista del mundo y esto lo escribo sin temor a equivocarme.

Considero un regalo de Dios este plan alimenticio. Por esta razón lo he puesto a disposición del público sin costo alguno desde el día en que publiqué mi primer sitio de internet en 1998. Desde entonces, miles de personas se benefician de este plan que, según testimonios recibidos por email, ha ayudado a resolver problemas de salud tan difíciles y mortales como el cáncer, el lupus, la leucemia, además de los crónicos como la diabetes, la artritis, la obesidad y la alta presión.

Amable lector, valora este regalo que Dios ha puesto en tus manos a través de mi persona. Yo le oré al Señor por tres años después de mi graduación como médico para que me enseñara a curar y no a controlar las enfermedades y este plan alimenticio es la PRIMERA RESPUESTA DIVINA a mis oraciones de sanidad. En el nombre de Dios Padre, y para bien propio y de la humanidad, te hago entrega de **la herramienta de sanidad más poderosa que existe en el planeta el**

PLAN ALIMENTICIO NATURISTA GENERAL ©

A. LISTA NEGRA de alimentos que enferman:

- *Cambie de hábitos*

- *Deje de comer alimentos industrializados (numerados por grado de severidad para su salud).*

Divididos en cuatro grupos: cadavéricos, lácteos, industrializados y chatárricos.

Ultra dañinos. (En extremo malísimos)

1. Productos enlatados (atún, frijoles, salsas, etc.).

2. Mariscos (camarón, pulpo, langosta, etc.).

3. Carne de Puerco.

4. Carnes Frías (jamón, salchicha, embutidos, salchichón, tocino, bologna)

5. Pescado de aguas contaminadas.

Hiper dañinos (malísimos)

6. Carnes Rojas: res, carnero, cabrito, conejo, venado.

7. Pollo y pavo

8. Papas a la francesa

9. Alcohol (cerveza, vino, licor)

10. Tabaco, cigarrillos

11. Desodorante con alcohol

12. Shampoo con alcohol

13. Lácteos industrializados: leche, queso, mantequilla, crema, pizza, mayonesa, aderezos con lácteos.

Dañinos (muy malos)

14. Azúcar de dieta

15. Refrescos (SODAS)

16. Bebidas descafeinadas

17. Huevos industrializados

18. Comida chatarra: Frituras

19. Azúcar blanca refinada

20. Café descafeinado

21. Café regular

22. Jalapeños y pepinos en vinagre

23. Margarina

24. Mayonesa

25. Aceites vegetales hidrogenados o parcialmente hidrogenados

26. Pasta dental regular con fluoruro

27. Cereales fríos (de caja, para usarse con leche fría)

28. Sodas de dieta

Hipo dañinos (malos)

30. Chicle

31. Dulces

32. Chocolates

33. Azúcar morena, clara y oscura

34. Bebidas en polvo

35. Harinas blancas refinadas, pan, pasteles.

36. Pastas Refinadas

37. Galletas de harina blanca (de sal o azúcar)

38. Café de grano (cereales)

39. Té Negro o verde

40. Hielo

41. Agua de la llave

42. Agua purificada (acida y sin minerales)

43. Mate.

44. Té verde.

B. *LISTA BLANCA: Alimentos que sanan:*

VEGETALES, FRUTAS, SEMILLAS, CEREALES ACEITES: diario.

Ensalada de vegetales crudos y cocidos (calabacitas, chayote, elotes, nabos, berros, lechuga, zanahoria, papa, perejil, rábanos, pepinos, jícama, aguacate, apio, tomate, cebolla, jitomate, repollo (col), acelgas, espinacas, coliflor, nopales, brócoli, berenjenas, yuca, chile (dulce o picante), etc.).

Germinados: de alfalfa, de soya, de trigo, etc. **Frutas** (kiwis, manzana, papaya, plátano, sandía, melón, pera, piña, mango, uvas, ciruela, durazno, toronja, naranja, mandarina, etc.) al natural o su jugo 1 o 2 veces por día. (No comerlos por la noche).

Semillas Secas (nuez, nuez de castilla, almendras, granola, cacahuate, semillas de calabaza, girasol, ajonjolí, amaranto, etc.), sin sal ni azúcar y sin tostar. **Pan integral de trigo, de centeno o de arroz SIN LEVADURA.** Germen de trigo.

Cereales calientes (arroz integral, maíz, avena, trigo integral, cebada perla, quínoa, cuscús, millo amaranto). En agua o leche de almendras. Si tiene artritis, alta presión, sinusitis, obesidad, asma **elimine inmediatamente** la leche de vaca y sus derivados y sustitúyala por leche de almendras.

Miel de abeja para endulzar (los diabéticos pueden usar **miel de agave** o maguey). Tomar de 4 a 8 vasos de **agua alcalina** diaria (8 onzas) según la estatura (bajito: 4 vasos por día, mediano: 6 vasos por día, y alto: 8 vasos por día). Refrescos de frutas naturales, sin azúcar ni químicos. Aderece las frutas con **aceite de linaza** y **yogurt de coco o de soya** (nunca lácteos de vaca). Leche de almendras, avena, arroz, coco y soya.

Mantequilla de aceite de olivo. Queso de almendras y queso de soya (tofu).

Use **aceite vegetal de semilla de uva o de aguacate** para todos sus guisos ya que no se descompone a la cocción. El aceite de olivo puro y extra virgen es excelente como aderezo, pero al cocinarlo se descompone. Aderece las ensaladas con: aceite de olivo puro y extra virgen, limón y sal de mar o miel de abeja.

LEGUMINOSAS HUEVO y PESCADO:

Leguminosas (frijoles, lentejas, habas, chícharos, garbanzo, ejotes, soya). Se pueden comer diario en pequeñas porciones (4-5 cucharadas de arroz por 1 de leguminosas). Huevos orgánicos, sin químicos.

Pescado (que sea de escamas y aletas como el salmón, mojarra o tilapia, róbalo, guachinango, dorado, pargo, pámpano, negrilla, trucha, bacalao) de mar, de rio o laguna que no esté contaminado. El pescado debe ser fresco o congelado: de 2 a 4 veces por semana.

Limpieza dental: usar bicarbonato de sodio (con tapa que pueda cerrar el frasco cuando no se use) mojar el cepillo con agua, impregnar de bicarbonato y lavar los dientes, o bien, utilizar pasta dental naturista **sin fluoruro** y sin químicos. Busque y aprenda la cocina vegetariana, y recuerde

SIN ALIMENTOS NATURALES NO HAY RECUPERACIÓN
Sin limpiar y sin nutrir el cuerpo de manera natural no es posible la restauración de la salud ni del bienestar. Para cualquier problema de salud, este plan es el primer paso a dar.

Hasta el año 2008, este plan alimenticio lo llame DIETA NATURISTA GENERAL. Deje de usar la palabra dieta cuando comprendí que esta palabra representa algo temporal en la conciencia de las personas. Es decir, se *"ponen a dieta"* para un propósito en particular como el de bajar de peso, por ejemplo, y una vez logrado el objetivo abandonan la dieta.

El nombre de DIETA NATURISTA GENERAL era muy práctico pero muchas personas al sanar y sentirse muy bien una buena temporada, vuelven después a sus viejos hábitos alimenticios y recaen con sus problemas de salud. Es por eso que al cambiar de nombre a PLAN ALIMENTICIO NATURISTA GENERAL sugiero que NO ES UNA DIETA TEMPORAL, es una manera de comer saludable para el resto de nuestras vidas.

Es crear hábitos saludables, es tener un ESTILO DE VIDA SALUDABLE mediante la buena alimentación y nutrición naturista. El plan es general porque ayuda a resolver la salud de casi cualquier condición crónica y degenerativa conocidas.

Para los que se resisten a hacer cambios en su dieta porque su médico no se los recomienda, diciéndoles que necesitan comer carnes, leche y demás alimentos industrializados, les quiero compartir una conversación muy frecuente que tengo con mis clientes:

*Tú dirás "pero es que el doctor no me ha dicho nada con respecto a que tengo que cambiar mi alimentación". Recuerda que mi método **no es un método convencional, es un método natural**. Yo soy un médico, soy médico cirujano y partero egresado de la U.A.N.L., como médico te digo que no nos enseñaron casi nada de nutrición y, es en la buena nutrición donde está la clave de la restauración de la salud. Y tú dirás ahora "pero es que la nutrióloga no me ha prohibido la carne". Insisto: ni los médicos ni los nutricionistas han curado siquiera a una sola persona con diabetes, artritis, alta presión etc., consideran estas condiciones como incurables, por esa misma razón, insisten en una dieta carnívora y lactívora cuando esto es anti natural y promueve la enfermedad, así que, si deseas sanar de tu condición cualquiera que fuere, aprende a comer sano y natural, haz mi plan alimenticio naturista general.*

Mi método no es convencional, es natural. No se rige por la moda alimenticia de la época o del momento. La clase de nutrición que yo recomiendo es totalmente opuesta a la que recomiendan los médicos y los nutriólogos. Tú eres quien toma la decisión, tienes derecho a la información que ellos te dan y a la que yo te doy. Escoge lo que más te convenza. No se trata de que te conviertas en vegetariano absoluto, vas a incluir pescado y huevo orgánico (proteína sin sangre) en tu dieta. El plan alimenticio que te propongo es Naturista, vegy-pezco-oviparo. Y es para que sanes de casi cualquier condición y te mantengas sano hasta donde tu condición lo permita.

C. LOS CINCO EXCELENTES HÁBITOS DE NUTRICIÓN NATURISTA:

Los cinco excelentes hábitos de nutrición naturista son (junto con la lista de los alimentos que sanan y alimentos que enferman): el PLAN ALIMENTICIO NATURISTA GENERAL.

Estos cinco buenos hábitos te enseñan como desayunar, comer, cenar, merendar y la manera de tomar agua para ayudarse a limpiar, nutrir y reparar tu cuerpo. Complementa el Plan alimenticio naturista general porque, por un lado, la lista negra te enseña los alimentos que te enferman y la lista blanca los alimentos que te sanan y, por otro lado, estos cinco buenos hábitos te muestran una guía de lo que sería una buena costumbre al comer. Estos cinco hábitos pueden usarse como reglas de la alimentación mientras los menús que presentaremos más adelante pueden usarse para darle variedad a esas reglas y buenas costumbres.

Esta lista de los cinco hábitos de nutrición naturista nació con el reto de ayudar a sanar a mi padre de un cáncer de pulmón complicado con fibrosis pulmonar. Creando un plan de nutrición especial para él, así fue como nacieron estos cinco hábitos de nutrición natural.

El reto más grande que he tenido: sanar a mi padre.

Mi padre estuvo desahuciado por una fibrosis pulmonar causada por quimioterapia al tratarse de un cáncer pulmonar, un linfoma de Hodking, sin tratamiento le daban 8 años de vida y con la quimioterapia se la redujeron a solo tres meses, estuvo en cuidados intensivos dos semanas y usaba oxigeno las 24 horas.

Los médicos le dijeron que la fibrosis pulmonar en su caso era irreversible. La quimioterapia le "quemó" químicamente los pulmones causando cicatrización de los mismos. Cuando fui por el al hospital y en camino a casa me dijo *"yo no quiero morir"* y yo le ofrecí mi plan alimenticio para sanar de las dos condiciones en tres meses. Con escepticismo me pregunto *"pero ¿cómo? si los doctores me dijeron que el pulmón fibrozado era incurable"* Yo le dije: *"con la comida papá".* Muy alterado y hasta molesto me contesto *"pero ¿qué tiene que ver la comida con esto?".* Yo le conteste "TODO".

Mi padre era de un carácter muy fuerte, una vez que decidía algo no se detenía ni para bien ni para mal. Así, conociéndolo, yo había decidido no hablarle más de mi dieta y plan antitumoral, pero al escucharle que no deseaba morir y tampoco deseaba cambiar su manera de comer le dije: *"es muy fácil papá, o come como yo le voy a indicar y en tres meses Ud. se sana del pulmón y del cáncer o mañana mismo voy al panteón y le escojo un pedazo de tierra y voy a funeraria y le escojo un ataúd. Ud. dígame que hacemos".* Continué diciéndole: *"Sería una vergüenza para mi, que habiendo yo ayudado a sanar de cáncer a miles de personas en todo el mundo mi propio padre muera de cáncer. Ud. podrá morir de cualquier cosa, menos de cáncer.".*

Había sido muy reacio a cambiar su modo de comer, ya le había ofrecido yo antes mi plan y lo había rechazado y prefirió la quimioterapia a dejar de comer sus carnitas, leche, queso, pollo, café, azúcar y hasta refrescos, pero viendo que no había ninguna alternativa que le ofreciera salud y vida, se llenó de voluntad y me dijo: "si tierra me das, tierra como". Le dije que justo iba a comer lo que viene de la tierra. Él me retó, me dijo, "si dices que el cáncer viene de la comida mala y se cura con la comida buena, entonces no me des ninguna de tus hierbas amargas". Yo le conteste, está bien, no hay problema, solo que se va a tener que limpiar la sangre todos los días con el aparato Ionizador Cancún Foot SPA.

Él me pregunto: *"y ¿cómo la comida (así le decimos a los alimentos en casa) me va a curar el pulmón?".* Le conteste: *"los nutrientes sirven de refacciones para reparar las células del pulmón".* Más calmado me pregunto *"¿qué comidas son?"* y le explique que los vegetales verdes y crudos más los aceites esenciales más la fruta y semillas, cereales y el pescado de escama le ayudarían muchísimo a la reparación del pulmón. La última pregunta de esa noche fue: *"Como voy a recuperar la respiración (el pueblo le dice resuello) que la tengo muy corta".* Yo le conteste: *"inflando globos, todo tiene solución, Primero Dios".*

Así fue que acepte el reto de sanar a mi padre de cáncer sin usar mis formulas herbales exclusivas. Esa noche fui al supermercado y le compré todo lo necesario para alimentarlo correctamente por las próximas dos semanas. Con la ayuda de una de mis hermanas, Myreida, se invirtieron $440 dólares en alimentos sanos y nutritivos incluyendo el agua alcalina embotellada.

Al día siguiente, yo mismo le serví de CHEF NATURISTA a mi padre y le preparé todos los alimentos del día, desde el desayuno hasta la cena, pasando por los postres o snaks y entrené a una empleada de mi hermana para que le preparara los alimentos los siguientes tres meses. Para sorpresa de mis hermanos y de papa mismo, ese primer día papá dejó el oxígeno cinco horas, el quinto día dejó de usarlo de día (12 horas) y en 45 días lo dejo totalmente. Tres meses con mi plan alimenticio y las limpiezas de sangre, una o hasta dos por día, por medio del Cancún Foot SPA (el Ionizador de agua que hace osmosis a los tóxicos de la sangre y los saca hacia el agua) sanó del cáncer y la fibrosis pulmonar; sanó de ambas condiciones en esos tres meses comiendo tal y como lo indico en la lista de los 5 hábitos de nutrición natural.

Mi papá y mis hermanos me preguntaron: ¿Cómo es posible que los doctores no sepan hacer esto? Yo les respondí: muy simple, no nos enseñan a hacerlo.

Las escuelas de medicina entrenan controladores de enfermedades no sanadores. Para yo llegar a este conocimiento de la sanidad primero tuve que hacer conciencia que no fui entrenado para sanar enfermos en la Universidad, y luego le pedí a Dios conocimiento de la verdad sobre como sanar enfermos y Él respondió divinamente a mis oraciones. Espiritualmente hablando, fui entrenado como un SANADOR DE LOS HIJOS DEL REINO DE DIOS. Para ello, Dios me dio a conocer sus leyes y principios naturales en los que están basados toda la creación.

Como SANADOR DEL REINO también estoy en capacidad de ayudar a sanear el planeta y medio ambiente para respirar el aire limpio y puro que Dios nos regaló desde un principio, pero este es tema para otra obra.

Por lo pronto, hago entrega de la lista de los cinco hábitos alimenticios que ayudaron a mi padre a sanar de cáncer y fibrosis pulmonar y, Primero Dios, te ayudarán a ti a sanar de casi cualquier problema de salud crónico degenerativo, si primero crees en él y luego lo aplicas a tu vida.

LOS CINCO BUENOS HÁBITOS DE NUTRICIÓN NATURISTA

1.- **AL LEVANTARSE,** iniciar el día con la toma de dos vasos de *agua alcalina* (4 a 6 si desea bajar de peso). Si es *antioxidante*, mejor (hay filtros de agua, hechos de carbón y cerámicas que la producen). Tomar otros 2 a 4 vasos a media mañana y/o a media tarde. Repetir la toma de agua alcalina a media tarde, entre comida y cena.

2.- **INCLUIR EN EL DESAYUNO: FRUTAS, SEMILLAS, MIEL DE ABEJA** (diabéticos: miel de agave, maguey o estevia), aderezados con **ACEITE DE LINAZA*** y **YOGURT DE COCO** (o de soya). Si tiene cáncer en vez de yogurt de soya utilice queso cottage **orgánico**.

* EL aceite de linaza se refrigera una vez abierto.

Con el desayuno: **cereales calientes**, avena, maíz, arroz, cebada perla, trigo integral (excluirlo si tiene cándida, buscar pan de arroz o de trigo sin levadura) y centeno en pan o cocidos en agua o leche de soya, almendras, arroz, avena o coco. Se les da sabor con fruta, miel de abeja y/o canela. Tres veces por semana **huevo orgánico. Un día cereal y otro día huevo.**

3. **INCLUYA EN EL ALMUERZO** (o comida para los mexicanos) **VEGETALES COCIDOS AL VAPOR.** Aderécelos con **ACEITE DE OLIVO** puro, extra virgen, prensado en frio, sal de mar, limón. Cocine con ACEITE DE SEMILLA DE UVA O DE AGUACATE. Puede consumir arroz, maíz, vegetales, leguminosas (frijol, lentejas, habas, chicharos, garbanzo, ejotes, alubias) en pequeñas cantidades. Por cada 4 cucharadas de arroz una de frijol, por ejemplo. De dos a cuatro veces por semana incluya PESCADO DE ESCAMAS, champiñones, berenjenas, portobello. En caso de candidiasis, excluir los champiñones, hongos.

4.- **INCLUYA EN LA CENA** (comida o último alimento **VEGETALES CRUDOS (ENSALADAS))**. Aderécelos con **ACEITE DE OLIVO** puro, extra virgen, prensado en frio, sal de mar, limón, vinagreta o balsámico (no usar vinagre si padece de cándida, hongos). No debe de cenar cereales, leguminosas, harinas ni frutas. Puede comer pan tostado de trigo integral sin levadura o pan de arroz sin levadura en sándwich de queso de soya con aguacate, verduras crudas. Puede comer tortilla de maíz tostada con aguacate, queso de soya, queso de almendras o de arroz, tomate, lechuga, cebolla, espinacas, etc. Pescado de escama asado o al vapor en caso de mucha hambre.

5. Incluya entre desayuno y el almuerzo, y entre almuerzo y la cena algún **"SNACK" NATURISTA**. Meriendas de entre comidas (pepino, jícama, palomitas caseras, semillas secas, jitomate, sal de mar y limón para aderezar). Si desea algo dulce: uva pasa, ciruela pasa, dátiles, higos, mango, sandía, melón. Miel de abeja, coco, etc.

HERRAMIENTA 2:
Reacción de Desintoxicación

Una **reacción de desintoxicación** ocurre cuando una persona, acostumbrada a los malos hábitos alimenticios como la ingesta de carnes rojas y frías, café, refrescos, azucares, productos enlatados, harinas, tabaco y alcohol, inician una dieta naturista, vegetariana (100% natural). Esta reacción puede ocurrir en una de cada 10 personas y los síntomas pueden variar de una a otra.

En Puerto Rico los naturópatas le llaman "CRISIS CURATIVA". Lo que sucede es que el organismo actúa en forma inteligente, está programado para auto curarse. Cuando está acostumbrado a los malos hábitos alimenticios, por supervivencia, se adapta y se acostumbra a vivir con la comida que le den así sea la más toxica de todas como las carnes y enlatados. Naturalmente, con los años, el organismo se intoxica de sustancias cadavéricas, cadaverina, cafeína, alcohol, nicotina y muchos otros tóxicos químicos como los colorantes y conservadores de las sodas y los refrescos de polvo. Todas estas sustancias representan una carga de trabajo enorme para el hígado, el órgano que es el "filtro" del organismo. El Hígado tiene que metabolizar, es decir, trasformar todos estos tóxicos en sustancias que no hagan daño y que puedan eliminarse por bilis en excremento y por riñón en orina.

Generalmente, el hígado y nuestro organismo están programados para vivir más de 100 años, es por eso y porque el hígado es el órgano macizo más grande del cuerpo, que de jóvenes aguantamos todos esos alimentos tóxicos en la dieta, porque el hígado nos protege de todos los tóxicos. Sin embargo, con los años, el hígado se satura, se llena de tóxicos y en promedio, digamos después de los 40 años, muchos antes, otros después, estos tóxicos, al ya no poder metabolizarse por el hígado, circulan por la sangre libremente y saturan otros órganos intoxicándolos y dando lugar así a un sin número de "achaques" y enfermedades. Por ejemplo, la azúcar blanca agota la producción de insulina en el páncreas y se produce la diabetes del adulto, el café y su cafeína agotan el cerebro y producen cansancio crónico y depresión además de migraña; el carbón del café es ácido y produce gastritis y colitis. La carne produce artritis y alta presión, los refrescos y los químicos que contienen, juntos a la carne pueden producir psoriasis, lupus, artritis juvenil y cáncer.

Los síntomas de la reacción de desintoxicación pueden variar de una persona a otra pero en general se resumen en los siguientes:

1.- DOLOR DE CABEZA. Sobre todo si ingerías cafeína o cadaverina (carnes de animal muerto pudriéndose) y todo tipo de azucares. Queso añejo y panela causan migraña, su fermentación produce ergotamina (una especie de cafeína).

2.- FIEBRE Y ESCALOFRÍOS. Sobre todo en aquellos que comen demasiada carne, de una a 3 veces por día.

3.- DIARREAS. En aquellos que padecen de vientre o abdomen abultado por estreñimiento crónico.

4.- RONCHAS EN LA PIEL. Cuando las personas tienen un nivel muy alto de intoxicación.

5.- DOLORES DE HUESOS Y COYUNTURAS. En los intoxicados por carnes rojas, frías y pollo.

La **reacción de desintoxicación** regularmente dura unos tres días en promedio, sin embargo, la duración depende del nivel de intoxicación de cada persona. Por ejemplo hemos visto, en los muy intoxicados, reacciones de intoxicación de hasta dos semanas.

¿Qué hacer para evitar o resolver los síntomas de la reacción de desintoxicación? La forma más rápida de eliminar los síntomas es hacer la CURA DE LIMÓN. Se usa el limón mexicano, el pequeño, se toma el jugo de un limón con popote esto para proteger tus dientes. Es un limón a las 12:00 p.m., luego 2 limones a las 1:00 p.m., luego 3 limones a la 2:00 p.m., luego 4 limones a la 3:00 p.m. y por último 5 limones a las 4:00 p.m. Evite el contacto del jugo de limón con los dientes, para esto, coloque el popote directo en la garganta. Más información en la siguiente herramienta.

Si usted le ocurre una **reacción de desintoxicación**, no se asuste, es natural, el organismo, al no recibir más tóxicos, trata de eliminar los que ya tienen adentro. La fiebre es para acelerar la salida de las toxinas, el dolor de cabeza es por la cruda de la cafeína o demás estimulantes. Las ronchas en la piel son las toxinas que se están eliminando por la piel. La diarrea es por las toxinas que se eliminan por vía intestinal. Muchas personas, al no estar informados sobre lo que es la reacción de desintoxicación, al hacer un régimen naturista y presentar su "crisis curativa" creen que la dieta naturista o los suplementos naturales les "hizo daño" y abandonan el programa ignorando que lo que está pasando es una reacción de limpieza mediante mecanismos naturales.

HERRAMIENTA 3:
Cura de limón de un día

Esta herramienta me salvo la vida en el año 1988, cuando durante mi servicio social me intoxique con un pescado que me dieron de comer en el Ejido donde trabajaba como médico comunitario en Galeana Nuevo León, México. Me estaba muriendo de una fiebre tifoidea muy severa con diarrea y vómito en explosión, fiebre, escalofríos y dolores en todas las coyunturas. Cuando sentí la muerte cerca, oré a Dios Padre y Él me habló y me dio esta cura que detuvo todo el mal en menos de cuatro horas.

Este es mi testimonio de cómo la CURA DEL LIMÓN me salvó la vida:

Cuando ya tenía varios días deshidratándome de la diarrea y el vómito, llego un momento muy dramático en el que estando yo en el toilette, con diarrea y vómito en explosión al mismo tiempo, sentí que el espíritu se me quería salir de mi cuerpo, sentí que mi Yo se estaba apartando de mi cuerpo y sentí que la muerte estaba cerca. Le hablé a Dios y le dije: "Señor, tu sabes que este no es mi tiempo de morir, tú me has dado a entender que tengo una misión muy buena y grande en este mundo aunque aún no sé cuál es, pero tu si lo sabes. Además, tengo un hijo y una esposa que me necesitan. Sálvame" De inmediato el Señor me hablo y me dijo: "Haz la cura del limón" y como la única cura de limón que yo conocía era del Dr. N. Capo que consiste en tomar el jugo de un limón en ayunas el primer día, dos limones el segundo día, tres el tercero y así sucesivamente hasta 14 días, yo le dije a Dios, "Señor, yo no tengo 14 días, necesito algo rápido o me muero". Lo último que Dios me dijo, sin explicaciones ni preámbulos fue lo que me salvo la vida: "ES CADA HORA". Tres palabras que entendí al instante.

Desesperado y como un condenado a muerte que pide ayuda le grite a mi esposa desde el baño. Ella entro corriendo muy asustada y se aterrorizo más al ver mi muy patético cuadro sentado en el toilette y con cara de moribundo. De inmediato le pedí que fuera a comprar dos kilos de limones (no sabía cuántos iba a necesitar). Cuando regresó me trajo solo un kilo y eso me molesto pensando que no iba a ser suficiente. De inmediato me tome el jugo o zumo del primer limón, nada nuevo paso, seguí igual. Una hora después, tome el jugo de dos limones en la segunda toma. Igual, nada paso. No perdí la fe, Dios me había hablado y ÉL NUNCA FALLA, NUNCA SE EQUIVOCA. Así que llego la tercera hora y tome la tercera toma con el jugo de tres limones. De inmediato sentí un cambio en mi estómago y mis intestinos, tome agua y no fui al baño, eso me alentó, pedí un caldo de verduras que me comí con mucho gozo porque tenía tres días sin poder comer, todo vomitaba o me mandaba a diarrea; hasta el agua misma me daba diarrea, nada retenía. Se me quitaron la fiebre y los escalofríos también, incluyendo el dolor de coyunturas con esta tercera toma.

Sin embargo, no pare allí, así que con el temor de que todos los síntomas me regresaran seguí con mi CURA DEL LIMÓN RECOMENDADA POR MI DIOS PADRE hasta que llegué a las ocho horas, con el jugo de ocho limones. Para entonces mi confianza y certeza de que la fiebre tifoidea estaba curada eran fuera de toda duda. No tuve que hacer ninguna cura de limón después y no quedo remanente de la infección ningún día después. Desde entonces, como médico, deje de usar antibióticos (yo me había tomado e inyectado todos los que tuve disponibles) para cualquier infección viral, bacteriana o de cualquier índole, les recomiendo a mis seguidores la CURA DEL LIMON DE UN DÍA. Esto ha generado salud y bienestar a miles de enfermos. E 1992 declare al limón como el antibiótico del pueblo en un artículo que escribí para el periódico EL Mañana de Nuevo Laredo, México.

Esta cura podría servir para cualquier infección que curse con fiebre, escalofrió, nausea, vómito, diarrea, gripa, catarro, influenza (incluso la porcina) y cualquier otro proceso infeccioso. Además ayuda a restaurar la salud de personas con hernia hiatal, gastritis y reflujo. Ha sido probada en miles de personas con resultados increíblemente buenos.

En casos crónicos de Fiebre tifoidea o de malta o reumática, recomiendo se haga esta cura un solo día por semana por 7 semanas. En casos agudos se pueden hacer dos o tres días seguidos.

CURA DEL LIMÓN CONTRA TODA CLASE DE INFECCIONES

08:00 a.m. Tomar el jugo de 1 limón con popote.

09:00 a.m. Tomar el jugo de 2 limones con popote.

10:00 a.m. Tomar el jugo de 3 limones con popote.

11:00 a.m. Tomar el jugo de 4 limones con popote.

12:00 p.m. Tomar el jugo de 5 limones con popote.

Limón verde, chico, "mexicano". Se toma con popote, paja o pitillo (strow en inglés), aplicándose el popote hacia dentro de la garganta para que el limón no lastime el esmalte de los dientes, procurando que su jugo toque lo menos posible la dentadura.

En caso de ardor o molestia estomacal tomar una cucharada de miel después de cada toma. En caso de infecciones crónicas se recomienda hacer la cura de limón una vez por semana por 7 semanas. En caso de infecciones agudas que cursen con diarreas, fiebres o escalofríos se puede tomar la cura de limón 2 o 3 días continuos. Si no tolera el ácido del limón se puede diluir en 1 o 2 onzas de agua.

Para niños, personas con gastritis, reflujo y hernia hiatal

08:00 a.m. Tomar el jugo de ¼ de limón con 1 onza de agua y popote.

09:00 a.m. Tomar el jugo de ½ limón con 1 onza de agua y popote.

10:00 a.m. Tomar el jugo de ¾ de limón con 1 onza de agua y popote.

11:00 a.m. Tomar el jugo de 1 limón con 1 onza de agua y popote.

12:00 p.m. Tomar el jugo de 1½ limón con 1 onza de agua y popote.

Esta cura de un cuarto (¼) de limón como medida es para niños de 6 meses a 3 años de edad. De 4 a 12 años de edad se puede utilizar como medida medio (½) limón. Y de 12 años en adelante se puede utilizar como medida 1 limón entero.

Las personas con gastritis, reflujo y hernia hiatal pueden ir progresando de un cuarto (¼) a medio (½) l limón, y de medio (½) limón a 1 limón entero conforme van tolerando el ácido cítrico del limón.

HERRAMIENTA 4:
Menú 1. Plan alimentario de transición **para dejar Las carnes rojas**.

De todas las herramientas que utilizo, los menús para cada semana son los que mejores resultados me han dado para ayudar a las personas a cambiar sus malos hábitos alimenticios por otros buenos. Como entiendo que no es fácil dejar las carnes, les proporciono la opción de dejarlas paulatinamente con mis menús de transición.

Si usted come carne roja casi todos los días, lo invitamos a descontinuarla en 4 semanas de la siguiente manera: Incluya carnes rojas solo 4 veces la primer semana, 3 veces la segunda semana, 2 veces la tercer semana, y 1 sola vez la cuarta semana como aparece en este Plan de Transición. Elimine completamente las carnes rojas a partir de la quinta semana. Considera este menú como una sugerencia, donde tu puedes hacer los cambios que desees para adaptarlo a tu gusto y sin cambiar la meta que es la de eliminar las carnes rojas.

MENÚ 1
MENÚ DE TRANSICIÓN PARA DEJAR LAS CARNES ROJAS

DÍA	DESAYUNO	COMIDA / ALMUERZO	CENA	ENTRE COMIDAS
1 LUNES	2 Huevos a la mexicana (revueltos con tomate, cebolla y chile verde al gusto). Frijol al gusto. Tortillas de maíz (2-3). Queso de soya (TOFU), o de arroz, de almendras Té de manzanilla.	Pollo a la parrilla. Vegetales cocidos: zanahoria, brócoli, papa, betabel, etc. 1 rebanada de pan integral tostado. Agua de fruta natural (sin azúcar)	Ensalada de pepino, zanahoria y jícama. Te de hierbabuena	1.- Un puñado de almendras. 2.- Una taza con mango picado. 3.- Una naranja.
2 MARTES	1/2 Toronja o 1/2 melón o 1 manzana o 1 naranja o 2 duraznos chicos o 1 plátano. Miel de abeja natural para Endulzar. 2 rebanadas de pan integral tostado. Jugo de naranja.	Carne de res sin grasa asada a la parrilla. Ensalada de verduras: tomate, pepino, cebolla, rábano, pimiento morrón. Te de hierbabuena. .	Sándwich de pan integral con queso de soya (TOFU). Té (que no sea té negro, sin cafeína y sin azúcar) como manzanilla, hierbabuena o menta. Sin endulzar Endulzar.	1.- Un puñado de pepitas de calabaza. 2.- Unas rebanadas de melón. 3.- Una toronja.
3 MIÉRCOLES	1 Tazón de granola con fruta dulce en yogurt natural (sin sabores, ni colores, ni azúcar) y endulzado con miel de abeja natural. 1 rebanada de pan de centeno. Té de hierbabuena.	Pescado (salmón, mojarra, trucha, róbalo fresco, pescado de piel con escamas). Ensalada de verduras aderezadas con aceite de oliva. Jugo de manzana natural.	Un puñado de almendras sin sal y sin tostar. Ensalada verde cruda de lechuga, espinacas, pepino y apio. Agua purificada o té al gusto.	1.- Un puñado de nueces. 2.- Unas rebanadas de sandía. 3.- Una mandarina.

4 JUEVES	2 Huevos rancheros (fritos en aceite de semilla de uva o de aguacate) con papa y fríjol al gusto. 2-3 Tortillas de maíz o 1-2 tortillas de trigo integral. Jugo de zanahoria.	Ejotes cocidos con huevo. Arroz. Sopa de verduras cocidas. Ensalada de verduras frescas crudas. Te de manzanilla.	Hamburguesa de carne de soya asada con brócoli y calabazas al vapor. Té de manzanilla.	1.- Un puñado de cacahuates. 2.- Unas rebanadas de melón. 3.- Una vaso de fruta de piña.
5 VIERNES	4 Quesadillas en tortilla de maíz, con tomate, lechuga, cilantro y limón. Queso de soya (TOFU) o requesón. Ensalada de pepino con limón y sal de mar. Fríjol al gusto. Té de manzanilla.	Pescado fresco al gusto. Ensalada verde. Arroz blanco, al vapor. 1 rebanada de pan Integral. Agua purificada o jugo de piña natural.	Ensalada de verduras al vapor de zanahoria, papa y chayote con 3/4 de taza de sopa de codito integral. 2 tortillas de maíz. Té al gusto (sin azúcar).	1.- Un puñado de pepitas de calabaza. 2.- Unas rebanadas de papaya. 3.- Una toronja
6 SÁBADO	1 Tazón de avena cocido en agua o en leche de soya, endulzado con fruta dulce (plátano, fresa, mango, melón o papaya) y con miel de abeja natural. Jugo de toronja natural (endulzar con miel).	Pavo o pollo sin pellejo en caldo. Arroz guisado con poco aceite de uva. Ensalada verde. 2 Tortillas de maíz. Jugo de frutas natural.	2 Palomitas hechas en casa con aceite de semilla de uva. Sal de mar. Té al gusto.	1.- Un dulce de amaranto. 2.- Unas rebanadas de sandía. 3.- Una naranja.
7 DOMINGO	Arroz blanco cocido en leche de almendras, con canela y endulzado con miel de abeja y frutas dulces. 1 rebanada de pan integral. Jugo de naranja.	Champiñones en caldo de tomate rojo con verduras picadas. Arroz. Ensalada de lechuga, germinado de alfalfa, jitomate, pepino, aguacate, repollo. Té de manzanilla.	2 tostadas deshidratadas de picadillo de carne de soya con chayotes, calabazas y zanahoria. Te de boldo.	1.- Un puñado almendras. 2.- Unas rebanadas de papaya. 3.- Una toronja.

En todos los casos que se requiera mejorar el sabor, se pueden acompañar los alimentos con limón y sal de mar, más aceite de oliva puro y extra virgen para las ensaladas. Las comidas se pueden sazonar con salsa verde o roja con picante natural al gusto, hecho en casa, sin chiles de conserva como el jalapeño en vinagre.

Las especias se usan siempre para dar buen sabor y con moderación. Para ayudar a darle sabor a los alimentos sin usar picantes, se pueden usar cebollines, rábano, betabel, aguacate, pepino, apio, tomate rojo o verde, tomatillo, germinados de alfalfa o trigo, cilantro, perejil, limón, pimientos rojo, verde, amarillo o naranja. etc.

Si padece de candidiasis, que se manifiesta con eccema, hongos en las uñas, caída de cabello y hongo vaginal evite comer pan con levadura, chocolate, cerveza, carnes de soya con levadura, champiñones y toda clase de hongos además de vinagre.

HERRAMIENTA 5:
Menú 2. Plan alimentario de transición para dejar el pollo.

Si usted come pollo casi todos los días, lo invitamos a descontinuarlo en 4 semanas de la siguiente manera: Incluya pollo o pavo solo 4 veces la primer semana, 3 veces la segunda semana, 2 veces la tercer semana, y 1 sola vez la cuarta semana como aparece en este Plan de Transición. Elimine completamente el pollo a partir de la quinta semana.

MENÚ 2
MENÚ DE TRANSICIÓN PARA DEJAR EL POLLO/PAVO

DÍA	DESAYUNO	COMIDA / ALMUERZO	CENA	ENTRE COMIDAS
1 LUNES	2 Peras al vapor con requesón o queso cottage. 2 Hot cakes integrales. Miel de maple o de agave. Jugo de naranja.	Ensalada de papa con macarrón integral. Guisado de ejotes, cebolla, tomate y huevo Ensalada de zanahoria rallada. Agua de frutas naturales.	Sándwich de pan integral con vegetales, aguacate y una rebanada de queso de soya (TOFU) extra firme. Te de manzanilla	1.- Un puñado de nueces. 2.- Un plátano. 3.- Una manzana.
2 MARTES	Tazón de avena en agua con 7 almendras. Miel. Cóctel de frutas con pasas y miel de abeja natural. rebanadas de pan integral. Jugo de papaya natural.	Filete de pescado al horno. Frijoles cocidos sin freír. 2 Tortillas de maíz. Ensalada de aguacate, lechuga, tomate y cebolla. Te de hierbabuena.	Ensalada de tomate con pepino. Cacahuates naturales sin sal. Té de hojas de limón natural.	1.- Un puñado de pepitas de calabaza. 2.- Un racimo de uvas. 3.- Una toronja

3 MIÉRCOLES	1 Plátano guisado con aceite de semilla de uva o de aguacate aderezado con miel. 2 Huevos tibios. 2 Tortillas de maíz. Jugo de manzana natural.	Lentejas cocidas con tomate y cebolla. 3 tostadas deshidratadas de requesón con aguacate, betabel con limón y sal de grano. Té de hierbabuena	1 puño de almendras naturales bien masticadas, acompañadas con agua natural. Ensalada de zanahorias con pasitas.	1.- Un puñado de almendras. 2.- Un mango. 3.- Una naranja.
4 JUEVES	1 Tazón de granola o cereal caliente con leche de almendras. 1 pan dulce integral. 2 ciruelas pasas. Jugo de toronja natural endulzado con miel natural.	Sopa de cebolla. 2 piezas de pollo cocidas o al horno. Ensalada de rábanos, calabazas, cebolla, tomate y lechuga. Frijoles de la olla. Te de hierbabuena.	2 tacos de tortilla integral con requesón acompañados de salsa verde o roja. Cilantro cebolla, tomate y lechuga Ensalada de verduras frescas crudas. Té al gusto.	1.- Un puñado de cacahuates. 2.- Una manzana. 3.- Una Mandarina.
5 VIERNES	1 Papa al horno con salsa de tomate. 1 Huevo frito con rodajas de tomate y cebolla. 1 rebanada de pan integral. Té de manzanilla.	Arroz al vapor con chile morrón. Filete de pescado al vapor. Guisado de zanahoria con tomate, cebolla y requesón orgánico. Ensalada de aguacate, lechuga y cebolla. Postre: Coco con sal y limón Agua de frutas naturales.	Vegetales cocidos al vapor. 2 tostadas de maíz deshidratadas, aguacate 1 puño de semillas de calabaza. Te de hierbabuena.	1.- Un dulce de amaranto. 2.- Un plátano. 3.- Un vaso de fruta de piña.
6 SÁBADO	1 Tazón de papaya con miel de abeja natural, queso cottage y nuez picada. 1 barra de granola. Jugo de piña natural.	Sopa de verduras cocidas. Carne de soya sabor pollo guisada con zanahorias, papas, chayote, almendras y pasitas. Agua de limón natural.	2 Entomatadas* de tortilla de maíz con requesón. Ensalada rallada de zanahoria, betabel y jícama. Té al gusto. *Tortillas bañadas en salsa de tomate.	1.- Un puñado de pepitas de calabaza. 2.- Una porción de papaya. 3.- Una toronja.
7 DOMINGO	1 Tazón de yogurt de coco con frutas: plátano, manzana y poca miel. rebanada de pan de centeno. taquitos de papa con huevo. Jugo de naranja natural.	3 Quesadillas de requesón, tortilla de maíz con flor de calabaza o champiñones, aguacate, cilantro, cebolla y tomate. Frijoles refritos acompañados con requesón. Jugo de frutas naturales.	Ensalada de nopales con cebolla y tomate. 1/2 puño de nueces. Te de hierbabuena. Filete de pescado a la plancha sazonado con limón pimienta y ajo.	1.- Un puñado de cacahuates. 2.- Un racimo de uvas. 3.- Una toronja.

En todos los casos que se requiera mejorar el sabor, se pueden acompañar los alimentos con limón y sal de mar, más aceite de olivo puro y extra virgen para las ensaladas. Las comidas se pueden sazonar con salsa verde o roja con picante natural al gusto, hecho en casa, sin chiles de conserva como el jalapeño en vinagre.

Las especias se usan siempre para dar buen sabor y con moderación. Para ayudar a darle sabor a los alimentos sin usar picantes, se pueden usar cebollines, rábano, betabel, aguacate, pepino, apio, tomate rojo o verde, tomatillo, germinados de alfalfa o trigo, cilantro, perejil, limón, pimientos rojo, verde, amarillo o naranja. etc.

Si padece de candidiasis, que se manifiesta con eccema, hongos en las uñas, caída de cabello y hongo vaginal evite comer pan con levadura, chocolate, cerveza, carnes de soya con levadura, champiñones y toda clase de hongos además de vinagre.

HERRAMIENTA 6:
Menú 3. Plan alimenticio desintoxicante y reductivo de siete días.

MENÚ 3
MENÚ DEL PLAN ALIMENTICIO DESINTOXICANTE Y REDUCTIVO.

Este menú fue diseñado especialmente para desintoxicar el organismo, nutrirlo correctamente y ayudarle a bajar de peso y talla. Tiene también un efecto desinflamatorio, ayuda a nutrir, y reparar células y además, si se hace por 3 a 12 semanas, posee un efecto rejuvenecedor verdaderamente increíble. Personalmente he visto ancianos rejuvenecer de 5 a 10 años en solo tres meses de practicar este plan. Aquí ya no hay res ni pollo.

DÍA	DESAYUNO	COMIDA / ALMUERZO	CENA	ENTRE COMIDAS
1 LUNES (de frutas)	Ensalada o cóctel de 3 *frutas dulces:* mango, uva o plátano o bien melón, papaya y sandía con *miel* de colmena, agregar granola, *semillas* de ajonjolí o amaranto. Nueces y almendras. (hasta estar satisfechos). Jugo de naranja (sin endulzar).	Ensalada o cóctel de 3 *frutas acidas:* naranja, pina y limón, o bien mandarina, toronja y piña a llenar. Miel de abeja o de agave. **Un coco y su agua** al gusto. Un puñado de cacahuates sin sal y sin tostar, al gusto. Te de hierbabuena. Nueces y almendras. (hasta estar satisfechos)	Antes de obscurecer: ensalada o coctel de frutas mixtas: *dulces con agridulces*: papaya con manzana, o bien *agrias con agridulces*: toronja con guayaba. De noche, un puñado de *almendras* sin sal y sin tostar (a estar satisfechos). Té de manzanilla.	1 racimo grande de uvas. ½ taza de cacahuates la 2a. vez. 1/2 taza de almendras la 3ra. vez.
2 MARTES (de verduras)	Ensalada o *cóctel de frutas dulces* con miel natural y granola. Agua alcalina. Un puñado de *semillas secas combinadas*: nuez, almendras y cacahuates, sin sal, sin azúcar, sin tostar (hasta estar satisfechos).	*Ensalada de verduras crudas* con limón y sal vegetal. Agregue 1 *aguacate* como alimento fuerte al gusto; aderece con aceite de olivo, puro extra virgen, prensado en frio,. *Papa, yuca o camote* asado o cocido al vapor con vegetales al vapor. **Crema de zanahoria** en leche de coco. Jugo de naranja.	Antes de obscurecer: 1 Plato de *verduras cocidas* al vapor con limón. Té de manzanilla. De noche: un puñado de *semillas de calabaza* naturales. Te de hierbabuena.	1-2 pepinos con limón, sal vegetal y chile de árbol. 1 racimo grande de uvas. 1-2 tomates crudos con sal vegetal. Un puñado de semillas secas.
3 MIÉRCOLES (de cereales)	Inicie el día con Coctel de *frutas acidas.* **Yogurt natural** casero con leche de soya de coco, miel natural. 1 Tazón de *cereal integral* (trigo, maíz o avena, arroz, cebada perla) cocido en *Leche de almendras o avena.* Té caliente (manzanilla, menta, boldo, anís, limón, etc.). Miel de abeja o de agave.	*Tostadas de maíz* deshidratado (4), sin colorantes, con **aguacate**, tomate, lechuga, cebolla, chile o salsa casera, germinado de soya o alfalfa. **Arroz al vapor. Vegetales al vapor. Papa o Yuca. Crema de espinacas** en leche de coco o avena. Agua de jamaica endulzada con miel natural o sin endulzar.	Antes de obscurecer: *Hamburguesa* de pan integral con una rebanada de *queso de soya TOFU,* aguacate, tomate, lechuga, espinaca, cebolla, germinado de alfalfa o de soya. Agua natural alcalina. De noche: un puñado de cacahuates. Té de manzanilla.	1 plátano. 1 tazón de papaya. 1 ensalada de verduras crudas. d) Un puñado de semillas secas.

4 JUEVES (de guisos)	Inicie el día con: Coctel de *frutas mixtas dulces con agridulces.* Agregue queso cottage orgánico, 1 o 2 cucharadas soperas. **Pan integral** tostado, con miel de agave. Té de manzanilla o de hierbabuena. *2 Huevos* al gusto guisados con poco aceite de semilla de uva o semilla de aguacate. Jugo de toronja (sin endulzar).	*Arroz guisado* con aceite de semilla de uva o de aguacate. *Verduras cocidas* al vapor, ejemplo: brócoli y coliflor con chile dulce o morrón al vapor. **Chayote y papa** al gusto, asados, guisados o cocidos. *Crema de brócoli en leche de almendras.* 1 jugo de manzana natural.	Antes de obscurecer: *3-4 Entomatadas** con *requesón* orgánico o queso cottage orgánico. *Ensalada de verduras* crudas. Té de limón (zacate limón) caliente. De noche: un puñado de *almendras* con agua. *Tortillas envueltas en salsa de tomate.	1-2 manzanas. 1-2 pepinos. 1 tazón de melón o sandía. d)Un puñado de semillas secas.
5 VIERNES (de leguminosas)	Inicie el día con: Coctel de *frutas mixtas: ácidas con agridulces.* Agregue *queso cottage* orgánico 1 o 2 cucharadas y *miel* de abeja. 1 Tazón de *cebada perla* con fruta, miel natural. *Yogurt natural* casero con leche de soya. Té caliente al gusto.	*Arroz guisado,* acompañarlo con *lentejas o frijoles* (habas, chicharos, ejotes) *Verduras cocidas* al vapor. *Crema de espárragos* hecha en leche de almendras. *Ensalada verde cruda*, aderezada con aceite de semilla de aguacate. Jugo de piña.	Antes de obscurecer: Sándwich de *pan integral* tostado con germinados, *aguacate*, tomate, lechuga o repollo, cebolla y una rebanada de queso *tofu* extra firme. De noche: Un puñado de *nueces* sin sal y sin tostar Té de manzanilla.	1 mango. 2 duraznos. 1 pera. Un puñado de semillas secas.
6 SÁBADO (de proteínas)	Inicie el día con coctel de *frutas dulces,* con miel de abeja o de agave y semillas de ajonjolí o amaranto. **Crema de maíz** en leche de almendras. *Huevos fritos* en aceite de semilla de uva. *Jugo de zanahoria*	*Berenjena* o *portobello* asados a la parrilla (preparados como filetes) condimentados como carnes. *Arroz con chicharos* (no enlatados). Ensalada de *verduras cocidas,* y aceite de olivo. *Agua de tamarindo* natural endulzada con miel natural.	3 *Taquitos de pescado de escamas (mojarra o salmón)* dorados a la parrilla en tortilla de maíz. *Ensalada verde y cruda*, con aguacate y aceite de olivo. Té de menta o hierbabuena.	1-2 pepinos. 1-2 tomates. 5-10 corazones de nueces.

7 DOMINGO (de pescado)	Ensalada de frutas con miel natural. Agua purificada. Cebada perla cocida en agua y aderezada con leche de almendras mas nueces, pasas, ajonjolí, miel de agave.	*Pescado* de escama al gusto (sin pellejo). *Arroz con garbanzos* o cualquier otra leguminosa. Ensalada de *verduras cocidas* al vapor. Agua de papaya natural.	*Ensalada verde* con *champiñones* fritos en aceite de semilla de uva. Té caliente o agua purificada.	agua de tamarindo con miel natural. 1 racimo grande de uvas. 1 pan de centeno con miel. Un puñado de semillas secas.

En todos los casos que se requiera mejorar el sabor, se pueden acompañar los alimentos con limón y sal de mar, más aceite de olivo puro y extra virgen para las ensaladas. Las comidas se pueden sazonar con salsa verde o roja con picante natural al gusto, hecho en casa, sin chiles de conserva como el jalapeño en vinagre.

Las especias se usan siempre para dar buen sabor y con moderación. Para ayudar a darle sabor a los alimentos sin usar picantes, se pueden usar cebollines, rábano, betabel, aguacate, pepino, apio, tomate rojo o verde, tomatillo, germinados de alfalfa o trigo, cilantro, perejil, limón, pimientos rojo, verde, amarillo o naranja. etc.

Si padece de candidiasis, que se manifiesta con eccema, hongos en las uñas, caída de cabello y hongo vaginal evite comer pan con levadura, chocolate, cerveza, carnes de soya con levadura, champiñones y toda clase de hongos además de vinagre.

HERRAMIENTA 7:
Reglas del Plan alimenticio desintoxicante y reductivo de siete días

Reglas para el menú 3

REGLA PRINCIPAL: esta **no** es dieta de hambre. No importa la **cantidad** que coma, lo importante es la **calidad**. Si tiene hambre, no tenga miedo, **coma** lo concerniente al día que le corresponde. Una cucharita de miel de abeja dos o tres veces por día retira el hambre y la debilidad. Si come por ansiedad o nervios, tome un té de tilo (o tila) antes de cada alimento.

PRIMER DÍA: *(de frutas, semillas y miel)* Permitido comer: *como alimento fuerte* **semillas secas**: nuez, almendras, cacahuates, semillas de calabaza, ajonjolí, girasol etc. sin sal, sin azúcar y de preferencia sin tostar. Comerlas con agua alcalina o filtrada, o bien jugo de frutas naturales. Coma uno o dos puños (o hasta llenar) de semillas secas dos o tres veces por día.

Como alimento ligero: **Frutas de estación:** manzanas, uvas, mango, pera, plátano, papaya, naranja, piña, limón, mandarina, guayaba, melón, sandía, ciruela, ciruela pasa, etc. Las frutas más reductivas son: toronjas, naranjas, piña, ciruela pasa, mandarina y papaya. Las frutas más desintoxicantes son: limón, naranja y toronja. Las frutas con más azucares (para evitarse en caso de diabetes) son: plátano, uva, mango, melón y sandía. Para endulzar utilice miel de abeja natural. Tomar de cuatro a ocho vasos de agua alcalina o filtrada (según la estatura). Diabéticos usar miel de agave o maguey.

SEGUNDO DÍA*: (de vegetales crudos y cocidos más la fruta y semillas)* Permitido comer (además de lo incluido en el 1er día): *como alimento fuerte* **vegetales cocidos:** al vapor o en agua. **Viandas cocidas:** papa, yuca, camote etc. *Como alimento ligero* **ensalada de vegetales crudos:** Tomate, lechuga, cebolla, acelgas, pepinos, espinaca, brócoli, repollo o remolacha, aderezado con limón, aceite de oliva y sal vegetal.

Cremas de verduras, en leche de almendras, avena o coco: de espárragos, de brócoli, de espinaca, de zanahoria, de papa, de chayote, de betabel etc.

TERCER DÍA: *de cereales calientes y leche de almendras, arroz, coco, avena.* (además de lo incluido el 1er y 2do días): *como alimento fuerte*: Queso de soya (tofu), requesón orgánico o queso cottage orgánico. *Como alimento ligero* **cereales**

calientes en agua o leche de almendras: arroz o avena cocido con leche de almendras; trigo integral en pan, galletas o tortilla. Crema de maíz, elote. Quesadillas de requesón orgánico o queso cottage, queso de almendras o de arroz, sándwiches con tofu en pan integral o de centeno, de preferencia sin levadura.

CUARTO DÍA: de guisos, huevo (además de todo lo incluido en los días 1er al tercero): **Guisos con aceite de semilla de uva o aceite de aguacate**; Arroz frito, guisado con vegetales. Huevos de patio orgánicos guisados al gusto.

QUINTO DÍA (además de todo lo incluido en los días 1er al cuarto): **Leguminosas;** fríjol (habichuelas), lentejas, habas, chícharos, garbanzos, ejotes etc. Pequeñas cantidades, por ejemplo, por cada 4 a 5 cucharadas de arroz, una de leguminosas. Siempre variar y no comer las mismas leguminosas todos los días.

SEXTO DÍA (además de todo lo incluido en los días 1er al quinto): **Carnes vegetales;** de soya o de gluten. Proteína vegetal de soya, **champiñones, setas, portobello, berenjenas.** Evitar los champiñones si se padece de cándida (hongo en las unas o vaginal así como eccema en la piel).

SÉPTIMO DÍA (además de todo lo incluido en los días 1er al sexto): **Pescado frito, cocido al vapor o dorado a la parrilla.** Al mojo de ajo, con vegetales cocidos, estilo veracruzana o al gusto. Pescado de escama como el salmón, mojarra, huachinango, bacalao, trucha, baza, pámpano, robalo etc.

INSTRUCCIONES

Esta dieta es acumulativa, es decir, el segundo día puedes comer lo del primero y lo del segundo. El quinto día puedes comer lo del día primer al quinto día. Eso no significa que te vas a comer todo. La lista es para que sepas lo que está permitido comer, no es para que comas todo. Esta dieta te ayudará a bajar de peso y talla, al mismo tiempo que te desintoxica. Puedes hacerla una semana si y una semana no, o bien una semana cada mes. Si se decide hacer este plan por 12 semanas, los dos a tres últimos días de cada semana se puede comer pescado.

Recuerdo el caso de un señor de unos 70 años que atendí en Durango, México, con problemas de obesidad, diabetes, artritis y alta presión típicos de su modo de comer y de su edad. Le prometí sanidad si se atrevía a hacer este menú desintoxicante de siete días y a tomar mis formulas exclusivas. Lo vi tan entusiasmado por sanar que me atreví a pedirle que lo hiciera por doce semanas. El aceptó el reto y así lo hizo. Los resultados lo vieron sus hijos en Las Vegas, Nevada, EUA. No podían creerlo ¡su padre se había rejuvenecido 10 años en tan solo tres meses! Este hombre mejoró tanto en su salud que se fue de vacaciones con sus hijos a compartirles las maravillas de los planes alimenticios del Dr. Salinas. Desde entonces recomiendo a los muy enfermos hacer este plan desintoxicante y reductivo de siete días por 12 semanas a todos los que están muy enfermos y muy intoxicados, incluyendo a las personas con cáncer.

En más de diez años que tengo recomendando este Menú 3, desintoxicante y reductivo de siete días, he observado que al practicarlo por varias semanas continuas este plan provoca los siguientes siete efectos en la persona y su organismo: educa la nueva manera de alimentarse, nutre, revitaliza, desinflama, desintoxica, baja de peso y de talla y además rejuvenece.

HERRAMIENTA 8:
Menú 4: **Plan alimenticio naturista**

Ya sin carnes de res, pollo o pavo, este menú 4 del plan naturista es el básico para iniciar un nuevo régimen alimenticio. Estos primeros cuatro planes están bien para los que desean y necesitan hacer los cambios graduales, aunque los muy enfermos, como les que tienen cáncer, los que necesitan cambios drásticos en su salud porque están muy avanzados en sus problemas, les recomiendo que hagan el *plan de los cinco excelentes hábitos alimenticios.* Este es más estricto y más severo en cuanto a retirar harinas con levaduras y también es más completo puesto que incluye los aceites esenciales y el agua alcalina. También los resultados son mas rápidos.

EL Menú 4 del Plan alimenticio Naturista está dirigido básicamente a los principiantes en el naturismo y a quienes no tienen una enfermedad mortal como el cáncer y acaban de pasar por la transición de dejar las carnes rojas, el pollo y el pavo. Es como un ejemplo de cómo desayunar, comer y cenar de manera naturista en forma general.

MENÚ 4
MENÚ DEL PLAN ALIMENTICIO NATURISTA

DÍA	DESAYUNO	COMIDA / ALMUERZO	CENA	ENTRE COMIDAS
1 LUNES	1 **Fruta** (al gusto) con miel de abeja natural y con queso cottage orgánico. **Semillas secas**, nuez, ajonjolí, almendras, pasas. **Granola** con leche de coco. Miel de agave. 1 Rebanada de **pan integral** o de centeno con miel. **Jugo de naranja** (sin endulzar).	**Verduras cocidas al vapor**, Tortas de papa con espinacas en salsa de tomate; 3-4 **enmoladas*** **de requesón** orgánico en tortilla de maíz.. **Arroz al vapor. Ensalada** de verduras crudas. **Té de menta** o hierbabuena. *Tortillas envueltas y remojadas en mole.	Ensalada de verduras frescas: jícama, pepino y zanahoria. Té de menta o hierbabuena. **Tostadas de maíz** con aguacate, tomate, cebolla, chile, cilantro, lechuga, limón y sal de mar.	1.- Un puñado de semillas (nuez, almendras, cacahuates, calabaza). 2.- Unas rebanadas de fruta dulce de estación (plátano, uva, mango, melón, sandía, papaya). 3.- Una fruta cítrica (toronja, naranja, mandarina, piña).
2 MARTES	1 Tazón **de cereal caliente** (avena, trigo integral, cebada perla) con miel de abeja y **1 fruta** para dar sabor. Leche de almendras. **Jugo de zanahoria.** 2 Huevos orgánicos fritos al gusto. 1-2 tortillas de maíz.	Pescado al gusto, ejemplo: **Salmon** al horno (sin grasa ni escamas). **Sopa de verduras**. **Arroz al vapor.** Agua de jamaica o jugos naturales.	*Ensalada de verduras* crudas. Té de limón (zacate limón) caliente. De noche: un puñado de *almendras* con agua.	1.- Un puñado de semillas (nuez, almendras, cacahuates, calabaza). 2.- Unas rebanadas de fruta dulce de estación (plátano, uva, mango, melón, sandía, papaya). 3.- Una fruta cítrica (toronja, naranja, mandarina, piña).

3 MIÉRCOLES	**Ensalada de frutas** con miel de colmena y con queso cottage orgánico. Jugo de zanahoria natural.. 1 Tazón **de cereal caliente** (avena, trigo integral, cebada perla) con miel de abeja y **1 fruta** para dar sabor. Agregar semillas secas	**Ensalada verde** con tiritas de carne de soya o pescado al gusto. **Crema de espárragos** en leche de almendras. **Papa asada,** aderezar con aceite de olivo o mantequilla de olivo. **Té de menta** o hierbabuena.	**Champiñones al vapor** con vegetales. 2 Tortillas de maíz deshidratadas, tostadas. Té de manzanilla.	1.- Un puñado de semillas (nuez, almendras, cacahuates, calabaza). 2.- Unas rebanadas de fruta dulce de estación (plátano, uva, mango, melón, sandía, papaya). 3.- Una fruta cítrica (toronja, naranja, mandarina, piña).
4 JUEVES	Coctel de *frutas acidas, toronja, mandarina, piña naranja.* Yogurt **natural** casero con leche de soya o de coco, miel natural.1 Tazón de **granola con miel y fruta** para dar sabor. Leche de almendras. Agua alcalina o té de manzanilla.	**Pescado al gusto,** ejemplo: huachinango asado a la parrilla con vegetales. **Arroz al vapor.** 1 Rebanada de pan integral o de centeno. Jugo de piña o agua alcalina.	**Champiñones al vapor con vegetales.** 2 Tortillas de maíz deshidratadas, **tostadas.** Jugo de manzana natural o agua alcalina. **Té de menta** o hierbabuena.	1.- Un puñado de semillas (nuez, almendras, cacahuates, calabaza). 2.- Unas rebanadas de fruta dulce de estación (plátano, uva, mango, melón, sandía, papaya). 3.- Una fruta cítrica (toronja, naranja, mandarina, piña).
5 VIERNES	Coctel de *frutas mixtas dulces con agridulces.* Agregue queso cottage orgánico, 1 o 2 cucharadas soperas. **Pan integral** tostado, con miel de agave. Té de manzanilla o de hierbabuena. 2 Huevos al gusto con poco aceite, ejemplo: **omelette con vegetales.** Jugo de toronja (sin endulzar).	**Arroz frito** con lentejas o chícharos. **Crema de brócoli** en leche de almendras. Tortillas de maíz. **Chayote al vapor** con papa. Té de manzanilla.	Tostadas deshidratadas de ceviche de brócoli con aguacate (1 a 3). Agua alcalina o té de menta o hierbabuena.	1.- Un puñado de semillas (nuez, almendras, cacahuates, calabaza). 2.- Unas rebanadas de fruta dulce de estación (plátano, uva, mango, melón, sandía, papaya). 3.- Una fruta cítrica (toronja, naranja, mandarina, piña).
6 SÁBADO	Coctel de *frutas mixtas: acidas con agridulces,* manzana con naranja o piña. Agregar semillas secas al gusto. 1 Tazón de **avena integral** con miel y fruta para dar sabor. Leche de almendras o yogurt de coco.	**Berenjena o portobello asados** (con muy poco aceite o nada). **Sopa de arroz con frijol.** Verdura cruda en **ensalada.** Agua de tamarindo o jugos naturales. **Té de menta** o hierbabuena	**Sándwich de aguacate** y verduras en pan integral. Agua alcalina o té.	1.- Un puñado de semillas (nuez, almendras, cacahuates, calabaza). 2.- Unas rebanadas de fruta dulce de estación (plátano, uva, mango, melón, sandía, papaya). 3.- Una fruta cítrica (toronja, naranja, mandarina, piña).

7 DOMINGO	2 Huevos al gusto con poco aceite, ejemplo: estrellados con salsa de tomate rojo y verde. 2 Tortillas de maíz. Agua alcalina.	Pescado al gusto, ejemplo: **filete de mojarra asado a la parrilla** con vegetales. **Arroz al vapor.** 1 Rebanada de pan integral o de centeno. Jugo de piña o agua alcalina.	**Tacos dorados de papa y requesón,** tomate, cebolla, cilantro y lechuga. Agua natural alcalina.	1.- Un puñado de semillas (nuez, almendras, cacahuates, calabaza). 2.- Unas rebanadas de fruta dulce de estación (plátano, uva, mango, melón, sandía, papaya). 3.- Una fruta cítrica (toronja, naranja, mandarina, piña).

En todos los casos que se requiera mejorar el sabor, se pueden acompañar los alimentos con limón y sal de mar, más aceite de olivo puro y extra virgen y vinagreta o vinagre blanco para las ensaladas. Las comidas se pueden sazonar con salsa verde o roja con picante natural al gusto, hecho en casa, sin chiles de conserva como el jalapeño en vinagre. Las especias se usan siempre para dar buen sabor y con moderación.

Si padece de candidiasis, que se manifiesta con eccema, hongos en las uñas, caída de cabello y hongo vaginal evite comer pan con levadura, chocolate, cerveza, carnes de soya con levadura, champiñones y toda clase de hongos además de vinagre.

CAPÍTULO 18

Formulas Exclusivas de Plantas Medicinales

HERRAMIENTA 9:
FORMULAS EXCLUSIVAS del Dr. Silverio Salinas

La mejor alternativa 100% natural para ayuda en casi cualquier enfermedad, mediante el uso de las PLANTAS MEDICINALES de la tradición indígena herbolaria mexicana más pura.

Más de 70 Fórmulas Exclusivas, 25 años de experiencia y estudio profesional en las plantas medicinales más utilizadas de la más pura y rica tradición indígena mexicana (Maya, Azteca y Tolteca) y cerca de 50 mil enfermos tratados exitosamente, son el resultado del trabajo y esfuerzo que el naturista Silverio J. Salinas ha hecho por brindarle la salud a cuanto cliente ha llegado a sus consultorios en México, Estados Unidos, Puerto Rico y Costa Rica.

INTRODUCCIÓN:

Más de 3,000 años de tradición indígena herbolaria mexicana unidos al profesionalismo científico y médico del

Dr. Silverio J. Salinas, han sido condensados en la minuciosa elaboración de las **FORMULAS EXCLUSIVAS**. He aquí solo algunos ejemplos de cómo estos productos 100% naturales pueden ayudarle a recobrar algo tan valioso y precioso como una joya: **SU SALUD Y BIENESTAR**.

Los mexicanos, y los de origen mexicano, tenemos la mejor medicina tradicional herbolaria del mundo occidental y deberíamos estar orgullosos de ello. El único problema de esta afirmación es que *aun no lo sabemos*. Nadie nos lo ha dicho, nadie nos lo enseña, pero es verdad:

La Medicina Tradicional Herbolaria de México ha salvado cientos y hasta miles de vidas.
Me ha ayudado a ayudar a miles de personas a recobrar su salud y bienestar.

Casi todas mis formulas exclusivas son *mexicanas*. Me siento orgulloso de ser depositario de lo bueno y lo mejor de nuestras culturas Maya, Azteca y Tolteca en lo que a la ciencia herbolaria se refiere. Más orgulloso me siento al compartir este conocimiento precioso con todo el mundo, desde México y los Estados Unidos, brindo mis servicios de consejería nutricional naturista donde incluyo siempre alguna de las formulas herbales que menciono más adelante.

La conquista española y la herbolaria en México.

La Conquista Española de México y parte de Latinoamérica denigró lo bueno y lo mejor de nuestras culturas prehispánicas, especialmente su medicina tradicional, acusando a quienes la practiquen de brujos y curanderos, llegando al punto de satanizarlos y de ser posible hasta quemarlos en la hoguera en los tiempos de la inquisición. Tal es la herencia cultural que nos dejaron los conquistadores españoles.

Históricamente hablando, desde la conquista, los conquistadores españoles nos enseñaron a despreciar y hasta a aborrecer nuestros orígenes y nuestra cultura prehispánica. Aún en las escuelas primarias nos siguen enseñando a despreciar nuestros orígenes prehispánicos. Nos mostraron solo lo malo de nuestros orígenes. Nos hicieron creer que los mexicanos prehispánicos o indígenas eran una horda de bárbaros sacrificadores de doncellas, como si en su cultura no existieran también los sacrificios humanos.

Todos los pueblos del mundo tienen cosas buenas y cosas malas en su historia. Pretender hacernos creer que nuestras culturas prehispánicas eran diabólicamente malas, como lo muestran en películas americanas y en nuestros sistemas de educación pública, está tan alejado de la realidad como pretender hacernos creer que los conquistadores de cualquier país, época o cultura eran unos santitos y unas blancas palomitas.

Todos los conquistadores conquistaron a punta de lanza, flecha, espada, cañón o rifle, matando gente, sacrificando vidas en el nombre de su rey o su dios. Lo mismo hicieron los aztecas, los españoles, los mongoles, los romanos, los ingleses, los americanos y no hay etnia o pueblo del mundo que escape a eso.

Saquemos lo bueno de cada cultura, de cada conquistador que haya existido. Usemos para bien el conocimiento que sirva para crear bienestar y salud. Pensando así, fue que me incline por estudiar la herbolaria tradicional mexicana.

De cómo nació mi interés en la herbolaria.

Mi abuela materna, Maria Antonia Campos, me inicio en la herbolaria el año de 1966, tenía yo la escasa edad de 4 años pero lo recuerdo como si hubiera sido hoy por la mañana. Caminábamos rumbo a su jacal, que se encontraba a medio kilómetro de distancia de donde yo vivía y al lado de un predio, en la calle sin pavimentar entonces, había vegetación verde que llamó la atención de mi abuela. Ella se acercó a unas plantas y me dijo "ven, acércate ¿ves esa planta que está allí?, arranca una hoja con tus dedos y pruébala en tu boca" Así lo hice y me supo a algo salado y agrio. Me dijo "esa es salvia, para cuando tengas cólicos en la barriga."

Mi madre, María Antonia Benavides Campos, siguiendo la tradición de la abuela, tenía un jardín de plantas medicinales en casa. Yo pensaba que el jardín era solo de ornato. Pero resulta que cada vez que me enfermaba, mamá iba al jardín, tomaba las hojas de una planta me preparaba un té y me lo daba de tomar. Casi siempre eran amargos y normalmente se me retiraban las dolencias con una sola toma. Recuerdo que además de tener rosales, había estafiate, romero, zacate de limón y ruda.

Esto nos mantenía alejados del médico de cabecera, que era primo segundo de mamá. Recuerdo haber ido a consulta un par de veces en toda mi infancia y el médico me visitó en casa una sola vez por una fiebre que me incapacito una semana. Mi madre me profetizo un día "mi hijo va a ser doctor" le dijo a una tía cuando yo tenía unos 8 años.

Ya durante la carrea de médico cirujano y partero, cuando llevaba la materia de cirugía, uno de mis compañeros condiscípulo en artes marciales era sanador naturista y me mostro unos cálculos biliares en una bolsita. Me dijo que se los había extraído con un remedio natural y herbolario a una de sus clientes, en solo 24 horas. No me dio el remedio pero me dejó perplejo. Yo hacía en mis prácticas curaciones de heridas de cirugías de vesícula. La herida del corte de la cirugía era de más de 10 cm y a veces se infectaba. Esto retrasaba la cicatrización por más de 30 días, mismos que el paciente tenía que estar postrado en una cama de hospital. Yo me dije: si tan solo pudiera aprender cómo resolver esto sin cirugía, evitaría mucho dolor y sufrimiento.

La NASA otorga reconocimiento mundial a los Mayas.

Así que vamos contando lo bueno de nuestros pueblos y nuestras culturas prehispánicas. Hace unos pocos años, la NASA ha declarado a la civilización Maya como la más avanzada en ciencias astronómicas y en ciencias matemáticas de todo el mundo antiguo. Les falto declarar, seguramente porque lo desconocen, que tanto los **Mayas**, como los **Aztecas** y **Toltecas** tienen muy guardadito entre sus tradiciones herbolarias a *la mejor medicina, no solo del mundo antiguo, sino del mundo moderno también.* Personal y profesionalmente hablando, lo tengo muy bien comprobado con mis 25 años de experiencia y más de 50 mil consultas.

¿Por qué mis formulas exclusivas tienen nombres prehispánicos?

Muchas personas se molestan y les choca que mis formulas tengan nombres prehispánicos. Dicen que son nombres de *dioses aztecas* y que eso es idolatría. A todos ellos les digo que eso no es idolatría, es ignorancia de su parte. La mayor parte de los nombres de mis formulas exclusivas pertenecen a ciudades y zonas arqueológicas prehispánicas.

Los pocos nombres de supuestos dioses como Tláloc (supuesto dios de la lluvia) no significan otra cosa que el equivalente al moderno sistema de conocer el clima mediante un canal de TV o de internet llamado Weather Channel (canal del clima). Si quiero saber si va a llover durante la semana solo enciendo la TV y observo el canal del clima y por los pocos minutos que le dedique a observar la TV no significa que este idolatrando a la TV y al Canal del Clima, ni me arrodille ante ella como un dios.

En el antiguo mundo prehispánico, los Tlálocs, eran sacerdotes del clima, es decir, eran especialistas del clima. Eran los antiguos meteorólogos. No tenían TV con el canal del clima y si la hubieran tenido le hubieran llamado Tláloc Channel en lugar de Weather Channel. Si eras agricultor, necesitabas saber cuándo preparar la tierra para la siembra, cuándo depositar la semilla, cuándo recoger la cosecha y los Tlálocs sabían de ese conocimiento. Tláloc no es otra cosa que el Canal del Clima prehispánico; es la ciencia de la meteorología antigua y nuestros pueblos prehispánicos también estaban muy avanzados en esa ciencia. El misticismo se lo agregaron los conquistadores para hacernos pasar por idolatras y poder así justificar sus matanzas y atrocidades.

Concluyendo: mis formulas herbales neo-prehispánicas tienen nombres de las culturas maya, azteca, tolteca y olmeca porque son formulas de la tradición prehispánica mexicana y al darles nombres prehispánicos doy honor a quienes honor merecen por su cultura y tradición, y porque además, es lo mejor que conozco para ayudar a la gente a recobrar su salud. Mis formulas exclusivas han viajado por todo el continente americano y por Europa; tanto unos como otros han probado sus beneficios y cuando ellos leen sus nombres probablemente dicen: ¡de seguro son mexicanas!

A continuación un listado de las formulas y los problemas de salud en los que *podrían ayudar.*

T01: BONAMPAK Dispepsia, mala digestión, deficiencia enzimática intestinal, gases, inflamación intestinal.

T02: CACAXTLA Piedras en el riñón o en la vesicular biliar, calcificaciones, quema grasa, colesterol. Diabetes severa. Auxiliar en protocolos contra el cáncer.

T03: CHICHEN-ITZA Tensión arterial, hipertensión, presión alta o baja, glaucoma.

T04: CHOLULA Parasitosis intestinal, diarreas y diabetes. Colitis.

T05: COPAN Diabetes del adulto o infantil.

T06: CUICUILCO Estrés, nerviosismo, ansiedad, dolor de cabeza, insomnio, miedos, depresión, contracturas musculares, migraña. Déficit de atención, síndrome del niño hiperactivo.

T07: FUEGO AZTECA Tumores benignos y malignos, fiebres, quistes, infecciones, cáncer.

T08: LA VENTA Insuficiencia y palpitaciones cardiacas.

T09: MITLA Artritis, bursitis, tendosinovitis, edema, espolón, ácido úrico, lumbago.

T10: MONTE ALBÁN Mala circulación, varices, hemorroides, vista cansada, deficiencia circulatoria, migraña, ciática.

T11: PALENQUE Obesidad, sobrepeso, estreñimiento, colesterol, hinchazón, edema, abdomen abultado.

T12: QUETZALCÓATL Tumoraciones malignas, cáncer, antiparasitario general, lupus, leucemia, linfoma.

T13: TAJÍN Inflamaciones digestivas, agruras, hernias hiatal, gastritis, colitis, ulcera gástrica, pancreatitis.

T14: TENOCHTITLAN Inflamaciones e infecciones de las vías urinarias, riñón, vejiga, uretra, próstata, insuficiencia renal.

T15: TEOCALLI Vejiga y matriz caída, ligamentos flojos, hernias, caída de cabello.

T16: TEOTIHUACÁN Enfermedades respiratorias, catarro, sinusitis, asma, gripe, tos, bronquitis, laringitis.

T17: TIKAL Alergias dermatológicas, ronchas, granos en la piel, psoriasis.

T18: TONALTZIN Flujo vaginal, cólico menstrual, exceso de sangrado en menstruación, enfermedades propias de la mujer, infertilidad femenina.

T19: TONATIHU Debilidad general, neurastenia, frigidez, impotencia, aumenta la energía vital y la potencia sexual, infertilidad masculina.

T20: TULA Inflamaciones hepáticas, cirrosis, hepatitis, inflamación de la vesicular biliar, visión borrosa.

T21: UXMAL Deficiencia de glóbulos blancos y rojos, deficiencia inmunológica, anemia y toda clase de sangrados, ulcera gástrica y colitis ulcerativa.

REFORZADORES de las formulas en EXTRACTOS

R01: APACHE Tos crónica, bronquitis, varices, hemorroides. Reforzador del MONTE ALBÁN y TEOTIHUACÁN.

R02: AYOTLA Micro circulación arterial, úlceras varicosas, hipoxia cerebral, ceguera nocturna, cataratas (no se aplica en ojos), aneurisma. Reforzador del MONTE ALBÁN.

R03: CEMPOALA Gastritis, colitis, hernia hiatal, tumores benignos o malignos, agruras. Reforzador del TAJÍN y FUEGO AZTECA.

R04: CHICANA Diurético natural, riñón, vejiga, desinflama vías urinarias altas y bajas, tuberculosis. Reforzador del TENOCHTITLAN.

R05: CHICHIMECA Tónico, impotencia, fisicoculturismo, frigidez, conteo bajo de esperma, infertilidad masculina. Reforzador del TONATIHU y TONALTZIN.

R06: COATL Antiparasitario general, antitumoral, diarreas, Reforzador del QUETZALCOATL y CHOLULA.

R07: EDZNA Artritis reumatoide, asma, bronquitis. Reforzador del TEOTIHUACAN y MITLA.

R08: MANI Tónico, fatiga, cansancio crónico, depresión, debilidad sexual. Reforzador del CUICUILCO y TONATIHU.

R09: MAYAPAN Inflamación hepática y biliar, mala digestión, manchas en la cara. Reforzador del TULA.

R10: OLMECA Insuficiencia cardiaca congestiva, aguda y crónica, angina de pecho, corazón grande, infartos. Reforzador de LA VENTA.

R11: REGULATOR Cólicos menstruales, hipotiroidismo, regulador hormonal, exceso de sangrado, hipertiroidismo. Aprieta los dientes. Infertilidad. Reforzador del TONALTZIN y AZTLAN

R12: RIO-BEC Diurético, obesidad, edema, (hinchazón), tónico, insuficiencia renal. Reforzador del PALENQUE y TENOCHTITLAN.

R13: ROMAGIL USO EXTERNO: Todo tipo de infección en la piel (no exponerse al sol si lo usa), psoriasis. Reforzador del TIKAL. Antibiótico, antiviral, anti-hongos.

R13: ROMAGIL USO INTERNO: Tónico intestinal, tos, asma, sinusitis, antiparasitario general. Antibiótico, antiviral, anti-hongos. Reforzador del CHOLULA, TEOTIHUACÁN, TIKAL, QUETZALCÓATL, FUEGO AZTECA, y CHICHEN-ITZÁ.

R14: TEMPLO MAYOR Relajante del sistema nervioso en general, dolor de cabeza, muscular y neurálgico, epilepsia, Parkinson, niño corajudo hiperquinético, migraña, insomnio. Reforzador del CUICUILCO.

R15: TLATILCO Palpitaciones, anginas de pecho, arritmia cardiaca. Reforzador de LA VENTA.

R16: TOLTECA Caída del pelo, caspa, manchas oscuras, barros, espinillas, flujo, duchas vaginales. Reforzador del TEOCALLI.

R17: TONINA Sangrados de todo tipo, nasal, intestinales, vaginales, hemorroides. Reforzador del UXMAL y TAJÍN.

R18: TRES ZAPOTES Regulador de la presión arterial, presión alta o baja, glaucoma, hiperplasia prostática, insomnio. Reforzador del CHICHEN-ITZÁ, MONTE ALBÁN y FUEGO AZTECA.

R19: TULE Varices y hemorroides, tos seca. Reforzador del MONTE ALBÁN.

COMPLEMENTOS DE LAS FORMULAS

C01: ATLANTE Podría ayudar a destapar venas y arterias, hipertensión, angina de pecho, artritis, quema grasa, baja de peso, calma el apetito.

C02: AZTLÁN Cápsulas. Tónico general, exceso de apetito, cansancio, debilidad general, neurastenia y depresión; regulador hormonal universal, hipotiroidismo e hipertiroidismo, deficiencia hormonal de la mujer y el hombre, esterilidad masculina y femenina, impotencia sexual y frigidez; fisicoculturismo y atletismo; fatiga crónica, sobrepeso, memoria, anti envejecimiento.

C03: TIZOC Artritis, osteoporosis, podría ayudar a reconstruir huesos y cartílagos, artrosis.

C04: TONAL Alternativa natural para el reemplazo hormonal femenino, síndromes premenstrual, pre menopáusico y menopausia.

CO5 VITA-CAN Vitaminas esenciales en la lucha contra el cáncer, antioxidante, multivitamínico natural, anti envejecimiento.

C06: SAYIL Fibra antioxidante, nutritiva, rejuvenecedor y revitalizador celular, anti envejecimiento, podría ayudar en cáncer, lupus, leucemia, sida, alzhéimer, sobrepeso.

C07: PAKAL: promueve y mejor el sistema inmune, ayuda a reparar células. Contiene colostrum para mejorar la inmunidad y alga azul para ayudar a liberar células madres.

Aviso legal: Estas declaraciones no han sido evaluadas por la FDA y no pretenden hacer diagnóstico, ni curar cualquier enfermedad medicamente. La información aquí descrita esta brindada con fines educativos en cuanto a herbolaria se refiere.

CAPÍTULO 19

Hidroterapia con filtro alcalino, colónicos y el Ionizador

Herramienta No 10:
Filtro alcalino ion-water *.

*Ion-water = iones de agua.

Los filtros alcalinos que existen en el mercado son muy costosos y están casi fuera del alcance del bolsillo de la gente en general. Solo las personas que tienen negocios o de clase socioeconómica alta pueden comprar estos filtros computarizados, electrónicos. Son tan sofisticados que incluso, el más conocido y popular "habla" mientras te sirves el agua y te dice el pH que te está sirviendo. Además le puedes regular digitalmente el nivel de pH que deseas. Sus costos fluctúan entre los $2000.00 dólares sin multinivel a $6000.00 dólares en multinivel.

Con la ayuda de expertos en la materia, desde el año 2010 he estado desarrollando mi propio concepto de filtro alcalino y lo he puesto a disposición de mis seguidores en los centros de nutrición donde se manejan mis productos. Este filtro alcalino es de muy bajo costo, $170.00 dólares, accesible al público en general de clase media baja para arriba.

Básicamente es un cartucho compuesto de carbón activado para limpiar el agua de toda clase de impurezas y cerámicas y bio cerámicas que al mezclarse con el agua proporcionan minerales que le dan su propiedad alcalina, imitando el proceso natural de mineralización del agua en los manantiales y pozos.

Este filtro alcalino produce un pH aproximado de 9.0 y lo que lo hace aún más saludable es la propiedad antioxidante del agua que produce. Los primeros días de filtración, su nivel de PRO (potencial de reducción-oxidación) (ORP siglas en ingles: oxidation, reduction potential) llega a estar entre los -350, lo que significa que el agua contiene iones negativos que se sabe son muy benéficos para la salud al evitar la oxidación. En palabras técnicas, el agua que produce nuestro concepto de filtro es alcalina y reductiva o antioxidante. Ver las propiedades del agua alcalina y antioxidante en el capítulo 12 de la buena nutrición, el elemento agua.

Solo como comentario quiero mencionar que gracias a mis investigaciones en la materia del agua alcalina, logré que se realizara la producción de un filtro alcalino especial para plantas purificadoras de agua, con la satisfacción de haber sido el primero en adquirirlo para luego donarlo. Este concepto se comercializa en México y se está volviendo popular entre las plantas purificadoras de agua que ya ofrecen el agua alcalina como alternativa.

Herramienta No 11:
Hidroterapia de colon con agua alcalina vía oral.

En el Capítulo 7 sobre limpieza de colon hablamos detalladamente sobre este procedimiento. Aquí solo quiero recalcar que tomar un litro a litro y medio de agua alcalina en ayunas sirve al propósito de limpieza del colon y de todo el cuerpo. Si lo que necesita es bajar de peso, otro litro de agua alcalina y antioxidante a media tarde le ayudara a perder esas libras que están de más. El efecto es el de laxante suave.

Cuando ya esté limpio del colon y haya perdido el peso que necesitaba perder, entonces quédese con la costumbre de tomar medio litro (dos vasos de 8 onzas) de agua alcalina y antioxidante todos los días inmediatamente después de levantarse de la cama por las mañanas. En los supermercados como Wallmart® venden vasos de vidrio de 24 onzas, ¾ de litro, consiga uno para el propósito de limpiar y mantener limpio diariamente su colon.

Herramienta No 12: Lavativas o enemas.

Ver capítulo 7, limpieza de colon.

Herramienta No 13:
Hidroterapia de colon con agua purificada vía rectal, colónicos.

A partir del 2005 implementamos en el Centro de Nutrición KNC de El Monte California dos aparatos (actualmente son cuatro) de los más avanzados y sofisticados para hacer lavados del colon con agua purificada, atemperada y con cierta presión. Atendidos por la experta e instructora en colónicos Raquel Koch, desde que implementamos este modelo de limpieza de colon acelerada hemos obtenido mejores resultados tratando de ayudar a los enfermos a limpiar su cuerpo para que luego lo puedan nutrir correctamente y así restauren su salud y bienestar en forma natural.

La manera cómo funcionan los colónicos es la siguiente: el cliente llega, llena una forma y se le asigna uno de los cuartos privados donde hay un toilette especial para hacer colónicos. La persona queda acostada en una posición de semi acostado o semi sentado. Se aceita el ano con un lubricante especial y luego, ella o él mismo se insertan por el recto, poco a poco, una cánula muy delgada hasta quedar en posición suficiente para que no se salga fácilmente.

Luego viene la experta en colónicos y le abre a las llaves del agua purificada que va a entrar al colon del cliente. Normalmente, en una sola sesión de 45 minutos, entran y salen cerca de 35 a 40 litros de agua. Entra agua limpia, llena el colon y una vez lleno al cliente le dan ganas de defecar y como está sentado en un toilette, en cuanto afloja el esfínter anal empiezan a salir los desechos del colon. Se recomiendan un promedio de 12 sesiones a todos los adultos para que el colon quede tan limpio como el de un bebe y así se puedan absorber los nutrientes que entran al comer.

Las personas que se hacen los colónicos resuelven muchos problemas de salud rápidamente y, aun más rápido, si combinan la limpieza acelerada de colon con la limpieza acelerada de la sangre mediante el Cancún Foot SPA, herramienta de desintoxicación que veremos a continuación.

Herramienta No 14:
Cancún Foot SPA. Limpieza acelerada.

CANCUN FOOT SPA es un aparato de alta tecnología que sirve para ionizar el agua del SPA de los pies, creando un flujo de iones que por osmosis expulsa contaminantes tóxicos del cuerpo hacia el agua, dejándola sucia al final de la sesión,

¿Por qué es importante la limpieza de desechos del cuerpo? Vivimos en una sociedad llena de **contaminantes y toxinas** naturales y sintéticas. Estas se encuentran en nuestro aire (smog), agua (cloro), comida (colorantes, saborizantes, preservativos, hormonas esteroideas cancerígenas), ropa y en el ambiente donde vivimos, trabajamos, jugamos y dormimos. Como resultado, nuestros cuerpos están contaminados con dichos tóxicos, dejándonos sentir con **pobre energía**, **bajas defensas** e incapaces de poder sanar nuestras enfermedades, golpes o procedimientos médicos. Las bajas defensas permiten crecer en nuestra sangre: bacterias, virus, hongos y parásitos, enfermando, aún más, nuestros cuerpos.

Personas que tienen las siguientes condiciones podrían beneficiarse de esta limpieza:

- Con cáncer, leucemia, lupus, fibromialgia.   Agua en los pulmones

- Insuficiencia Renal Crónica   Agua en el vientre

- Insuficiencia Cardiaca   Varices

- Insuficiencia Hepática   Esclerosis Múltiple

- Fatiga crónica   Alzheimer

- Perdida de la Memoria   Epilepsia

- Perdida del cabello   Parkinson

- Manchas en la cara y piel   Intoxicación con mercurio

- Infecciones crónicas   Autismo

- Inflamaciones Crónicas   Fiebres y escalofríos

- Alta Presión   Infecciones agudas

- Artritis   Migrañas

- Diabetes   Obesidad

- Edema o Hinchazón de pies   Asma, gripas, catarros

En mis diez años de experiencia utilizando este aparato en los centros nutricionales, donde he prestado mis servicios y donde mis discípulos y distribuidores independientes sirven tanto en México como en los EUA, no he visto ni conozco ningún aparato o procedimiento capaz de hacer una limpieza tan acelerada de todos los órganos y tejidos del organismo como el que se hace con el Cancún Foot SPA.

Por la experiencia que tengo al haber usado este aparato en miles de personas y por los resultados clínicos que he observado puedo asegurar, sin temor a equivocarme, que este aparato podría filtrar hacia afuera del organismo virus, bacterias, hongos y parásitos, además de metales pesados, químicos de toda índole, incluyendo el nitrógeno de la urea, la urea, el ácido úrico, ácido láctico y toda clase de radicales libres. Hago la observación de que estas son mis conclusiones personales y empíricas y que ideal sería que se hiciera un buen protocolo de investigación en algún centro universitario, solo para corroborar las bondades de dicho aparato.

En lo personal, lo he usado para resolver infecciones graves tanto de mi persona (no estoy ajeno a enfermarme, los médicos también enfermamos) como en mi familia, principalmente mis hijos y mi padre. Ya compartí antes el testimonio de mi padre que sanó de un cáncer y de fibrosis pulmonar haciendo la dieta de los cinco hábitos nutricionales naturistas y la limpieza de la sangre con este aparato. Si alguna infección severa recae en mi familia, les aplico de dos a cuatro sesiones de limpieza con el Cancún Foot SPA y normalmente, sea lo que fuere, el virus, la bacteria o el hongo que causa la infección es sacado hacia el agua (así lo creo, falta probarlo) y la sanidad viene casi de inmediato. Al menos así hemos resuelto estas situaciones en mi familia.

A mis seguidores en los centros nutricionales les recomiendo que se hagan de una a tres sesiones por semana, según sea la gravedad del caso. Personas con cáncer podrían ayudarse si mínimo hacen tres sesiones por semana y máximo hasta 10 por semana. Siempre y cuando se tomen un vaso de ocho a doce onzas de suero oral, electrolitos, no debe de haber efectos colaterales. Los expertos en esta materia dicen que estos ionizadores, lo mismo sacan cosas malas de la sangre que minerales y electrolitos como el sodio y el potasio. Por esa razón, hay que reponerlos con cada sesión.

Personas muy debilitadas deben de hacer solo la mitad del tiempo (15 minutos) o no hacer nada hasta que recuperen energías. Personas con marcapasos y mujeres embarazadas deben de evitar hacer estas terapias, porque se desconoce si hay reacciones adversas. El único efecto colateral que he visto es debilidad si no se tomaron los electrolitos. Los niños mayores de cuatro años pueden usar este método de limpieza acelerada por 15 minutos, los adultos por 30 minutos en cada sesión.

CAPÍTULO 20

Restauración bioelectromagnética y adiós al dolor

Herramienta No 15:
Cama magnética Mexica PMRT 12K60M.
Restauración celular biomagnética.

1.- ¿Qué es la terapia de restauración magnética? es la utilización de **campos magnéticos** con el fin de afectar saludablemente el campo electromagnético celular y corporal así como ayudar a la recuperación de la salud y del bienestar.

2.- ¿Qué es el MEXICA P-MRT 12K? es un invento del Dr. Silverio Salinas, un **aparato de ingeniería magnética** diseñado especialmente para su uso en terapia de restauración biomagnética celular y bioenergética. La idea creativa nació en 1999 y el primer diseño fue desarrollado el año 2001.

3.- ¿Cómo funciona la terapia de restauración biomagnética? todas las células, los órganos y el cuerpo completo son **bioelectromagnéticos**, es decir, están vivos, poseen una corriente eléctrica y un campo magnético. La corriente eléctrica del **corazón** es medida mediante un ECG; la del

cerebro mediante un EEG; la del **músculo** a través de un EMG. La **corriente eléctrica corporal (energía vital)** se puede medir por medio de un **Multímetro Digital** de Radio Shack (marca registrada,$25.00 EUA dólares). Esta oscila normalmente entre los **10 y 40 mili voltios (mv)** aunque en atletas de alto rendimiento puede medirse entre los 100 y 200 mv. Según las leyes newtonianas de la física, toda corriente eléctrica genera una corriente magnética y viceversa. En consecuencia, **si nuestro cuerpo tiene electricidad, también tiene magnetismo y lo podemos describir como electromagnetismo corporal.**

Existen patrones electromagnéticos corporales y orgánicos bien definidos durante los procesos de salud y enfermedad. **La terapia de restauración bioelectromagnética ha sido diseñada para restituir el patrón electromagnético celular,** orgánico y corporal total normal de una persona que lo ha perdido por causas diversas que le comprometen su salud ayudándole al ser humano a recuperar la salud y el bienestar.

4.- ¿Cuáles son los efectos benéficos del uso del MEXICA P-MRT 12K? puesto que el aparato genera un campo de resonancia magnética electronegativa permanente, todos los efectos benéficos están relacionados con los efectos, ya estudiados por muchos investigadores, del polo norte electronegativos de un imán sobre los seres vivos (Albert Roy Davis es el principal científico que describe estos efectos en su libro Anatomía del Magnetismo). Estos efectos son: ingresa oxígeno a las celular, extrae bióxido de carbono, relaja los músculos, relaja el estrés, calma la ansiedad, mejora la inflamación y alivia el dolor, induce al sueño, alcaliniza, reduce tumoraciones benignas o malignas.

5.- Con qué frecuencia puedo usar el MEXICA PMRT12K? Personas con enfermedades crónicas y degenerativas como la diabetes, la artritis, el sobrepeso, se recomienda una hora por semana por 12 semanas. Personas con enfermedades que comprometen la vida como el cáncer se podrían ayudar utilizando de 10 a 20 horas por mes. Mejores resultados se observan si se usa de 5 a 8 horas consecutivas cada semana.

6.- ¿Cuáles serían los principales efectos en mi cuerpo?

A. Podría ayudar a obtener relajación total de su estrés y sus músculos.

B. Podría ayudar a recuperar el sueño perdido; podría ayudar a reparar el insomnio.

C. Sus poderosos imanes de cerámica no utilizan corriente eléctrica.

D. Le envuelven en un campo magnético muy parecido al campo magnético natural del Planeta Tierra, ayudándole a recuperar su bienestar físico al restaurar el balance biomagnético de su cuerpo.

E. Podría ayudar a restaurar fuerzas físicas y energía vital.

F. Podría recibir efectos antinflamatorios y analgésicos.

G. Podría recibir beneficios con efectos antitumorales de sus poderosos magnetos.

H. Podría recibir efectos anti estrés y antidepresivos.

¿Dónde podría obtener los beneficios de esta terapia? Puesto que es un invento del Dr. Silverio Salinas y aun no se ha comercializado, por el momento solo se puede conseguir esta terapia en algunos de los concesionarios y centros de distribución independiente de las formulas exclusivas del Dr. Salinas en México (Michoacán, Durango y Tabasco) y los EUA

(El Monte y Ontario California). Para más información visite la página web del autor: www.drsilveriosalinas.com.mx.

Herramienta No 16:
Terapia Biomagnética. Par de magnetos SS1.

En el **Biomagnetismo clásico** de los Drs. Albert Roy Davis, Broeringmeyers y Goiz Durán se utilizaron magnetos tradicionales para obtener sus resultados ya descritos en mi libro sobre la negativización del VIH, virus del SIDA. Estos magnetos tienen dos polaridades, un polo norte y un polo sur, arriba y abajo respectivamente.

Durante los primeros 3 meses del Protocolo de investigación que realicé en el Departamento de Medicina Preventiva e Inmunología de la Facultad de Medicina de la U.A.N.L. (1994), utilicé ese mismo modelo de magnetos y no observé ninguna negativización del PCR de los pacientes de SIDA por VIH-1. Curiosamente noté que, por alguna razón desconocida, muchos de los pacientes que eran despolarizados cada semana se re polarizaban nuevamente de sus Pares Biomagnéticos.

Meditando profundamente en la posible razón y pensando en la dualidad universal, donde nada es totalmente positivo o totalmente negativo y, así como los hombres tienen pequeñas dosis de hormonas femeninas y las mujeres tienen pequeñas dosis de hormonas masculinas, llegué a la conclusión que el Timo polarizado positivamente debería de tener su carga contraria (negativa) aunque en pequeña proporción y esta mini carga negativa era la responsable de re polarizar de nuevo al Timo recreando de nuevo los síntomas del SIDA.

Por esta razón diseñé un par de magnetos diferentes a los clásicos, donde la superficie externa del magneto presenta un 80% de polaridad Norte y un 20% de polaridad Sur de un lado y, del otro lado su superficie muestra 80% de polaridad Sur y 20% de polaridad Norte. Fue así que el primer mes después del uso de este nuevo magneto, al que bauticé como MAGNETO SS1 de 6 mil gauss, logré el primer resultado de NEGATIVIZACION del PCR del VIH-1 y después de este vinieron 16 negativizados más.

Desde entonces solo utilizo estos magnetos para mis trabajos clínicos y de investigación, para aplicar la terapia biofísica de campos bio electro magnéticos y la terapia biomagnética de los Pares Biomagnéticos descubiertos por el Dr. Issac Goiz Durán. Con esta terapia se puede ayudar a liberarse de enfermedades infecciosas como el dengue, el herpes, el SIDA, las fiebres tifoidea y de malta entre muchas otras. El Dr. Goiz tiene contabilizados los pares magnéticos de cerca de 300 condiciones médicas. Tuve el privilegio de ser uno de sus primeros discípulos en 1992.

Fuera del uso en Biomagnetismo Médico que los Magnetos SS1 de 6000 gauss aportan, los beneficios para una persona común que desea restaurar su bienestar y su salud son sus efectos antinflamatorios y analgésicos que presenta el polo norte de carga electronegativa de cada magneto.

Personalmente siempre tengo un par de éstos magnetos en casa para cualquier eventualidad. Lo más impresionante que he visto en mi propio cuerpo es la desaparición de un dolor de muelas en solo 20 minutos. Muchas personas con dolores crónicos de rodillas, hombros, codos, tobillos, espalda baja, cuello se han beneficiado comprando éstos magnetos para su uso personal, ayudándose a restaurarse de la inflamación y el dolor. Veinte minutos diarios de exposición de la zona adolorida a un campo magnético Norte (negativo), una a tres veces por día y los resultados podrían ser inmediatos.

Hace poco atendí a un anciano con dolores articulares en varias partes del cuerpo. Con mi técnica de Aurículo Analgesia le ayudé a liberarse de casi todos sus dolores en poco menos de tres meses, con excepción de un dolor de tobillo que tenía desde hacía 20 años, consecuencia de un golpe. Tres sesiones con polo norte de 4 magnetos SS1 aplicados sobre la zona dolorosa cada semana y se resolvió el problema.

Herramienta No 16:
TLÁLOC

Restauración del balance electrónico.

El Tláloc es un aparato electrónico de uso personal de muy baja frecuencia y amperaje que, junto con la ayuda de un multímetro digital básicamente, tiene dos funciones:

1. Medir el nivel de energía eléctrica del cuerpo humano.

2. Aportar corriente eléctrica directa de baja frecuencia y amperaje al cuerpo, aumentando así la energía vital.

Este aparato pequeño y sencillo en apariencia, consiste en una caja plástica de 6 pulgadas de largo por 4 de ancho y una pulgada de alto que contiene el circuito electrónico generado por una batería cuadrada de 9 volts, dos salidas para cables eléctricos usables para medición eléctrica mediante multímetro digital, una entrada para cable doble (positivo y negativo) que a su vez se conectan a dos tubos de cobre para ser asidos por las manos, un apagador (botón de encendido), una pequeña bombilla que se ilumina al encenderse y su compartimiento para la batería ya descrita.

Para medir la energía eléctrica del cuerpo humano (para el autor, esta es la energía vital humana hasta no demostrar lo contrario mediante investigación científica), el aparato Tláloc debe de estar apagado y el multímetro digital ya conectado al Tláloc debe de estar encendido. Hay que esperar unos 30 a 60 segundos para hacer una medición. Se toma nota de esta y subsecuentes mediciones. Si la corriente eléctrica del cuerpo humano fluctúa arriba de +10 mili voltios, normalmente la persona no se encuentra ni cansada ni muy enferma. Entre +5 y +10, la persona está cansada y tiene algún problema de salud, según la experiencia del autor. Entre más cerca del cero electrónico, más cansada y más enferma esta la persona.

El autor de este libro de autoayuda ha encontrado que casi todas las personas que tiene su corriente eléctrica menor de 0, es decir, con carga de entre 0 y -5 o cero y -10, tienen o presentan metales en su cuerpo (joyas de oro o plata) y/o metales en la boca, desde rellenos de plata/mercurio hasta puentes metálicos y postes o implantes de porcelana con base de metal. Desconozco la explicación bioeléctrica y científica de este fenómeno pero lo que si he comprobado es que una vez que se retiren todos los metales del cuerpo, y después de cierto tiempo, la energía eléctrica pasa de ser negativa a positiva como es lo normal.

También he observado que después de 20 minutos de sesión eléctrica, pasando corriente directa del Tláloc al cuerpo, las mediciones bajas, suben a más de 10 mili voltios positivos, y las energías negativas se convierten en positivas al subir el nivel electrónico o energético del individuo con la ayuda del Tláloc. Aquí es donde este aparato ayuda a restaurar el balance eléctrico del cuerpo, subiendo la energía vital de carga negativa a positiva. Esto repercute en la sensación de bienestar y de energía de la persona y es ayuda para casi cualquier condición patológica.

Herramienta No 17: Aurículo Analgesia

Aurículo Analgesia es una técnica que fue desarrollada por el Dr. Silverio Salinas entre los años de 1990 y 1997. Durante los primeros tres años de trabajo atendió a cerca de 10 mil pacientes en Nuevo Laredo, Tamaulipas, México, a quienes les aplicó por lo menos 60 mil estímulos auriculares y descubrió los *puntos de analgesia,* luego en 1995 encontró que dichos puntos se agrupan el pabellón auricular formando *líneas de analgesia.* En 1996 se dio a la tarea exhaustiva de crear la *Primer Cartografía Auricular Humana* y colocar en el ordenador los *500 puntos de analgesia* que había descubierto.

En 1997 el Dr. Silverio Salinas presenta su técnica en Telemundo (cadena televisiva en español). Esta televisora le organiza la gira de Adiós al Dolor® donde el Dr. Salinas libera del dolor a más de 2 mil personas, en EUA y Centro América en menos de dos semanas.

En 1998, en Puerto Rico el Dr. Salinas descubre que las líneas de analgesia se organizan en verdaderos **Circuitos de Analgesia.** En 1999, desde Puerto Rico el autor de la Aurículo Analgesia publica su primer libro: *"Adiós al Dolor. Por fin la solución natural al dolor humano"*; una obra de consulta obligatoria para todos aquellos que sufren de dolores crónicos, donde describo una sencilla técnica de aurículo masaje y las causas primarias del dolor y como eliminarlo para siempre.

Quien domine la técnica de la Aurículo Analgesia es capaz de liberar del dolor de cualquier parte del cuerpo (rodilla, hombro, codo, cabeza, ciática, hernia de disco lumbar, abdomen etc.) en segundos o minutos, independientemente de la intensidad y la cronicidad del dolor. La efectividad de la Aurículo Analgesia oscila alrededor del 98%.

El autor de este libro y autor de esta técnica liberadora del dolor ha brindado seminarios a médicos y terapistas en México y en Puerto Rico. Su libro "Adiós al Dolor ¡por fin la solución natural al dolor humano!" explica con detalle las posibles causas del dolor y como liberarse de mismo. Actualmente está trabajando en el proyecto de ofrecer la técnica a escuelas técnicas y Universidades que deseen adquirirla con el fin de reproducirla en todo el mundo.

Esta técnica es la que más satisfacciones ha dado al autor, en el sentido de haber liberado del dolor a miles de personas (cerca de 20,000) y, lo más impresionante, es que ha liberado del dolor a los desahuciados, a los que la ciencia médica ha descartado toda posibilidad de sanidad. A los que los médicos le dicen "aprenda a vivir con el dolor", a ellos está dedicada la técnica de Adiós al Dolor.

Así se cumple la misión que tengo en la vida: sanar al desahuciado. Como dice en Isaías 51.11.

"Y tendrán gozo y alegría, y el dolor y el gemido huirán"

CAPÍTULO 21

Consejos útiles para cada problema.

1. COMO AYUDARSE A SI MISMO A RESTAURARSE DE
PROBLEMAS DIGESTIVOS:

> La gastritis, la colitis, el reflujo, la esofagitis, la
> hernia hiatal, el estreñimiento y la parasitosis.

La gastritis es un problema de salud que se caracteriza
por *inflamación de la mucosa gástrica (del estómago)* causada
mayormente por comer alimentos irritantes, industrializados
y demasiado ácidos, como el café, el azúcar, las sodas o
refrescos, las carnes rojas y comidas muy condimentadas.

La dieta del mexicano, rica en tacos y tortas y tamales
(envueltos en hoja de maíz, hechos de harina de maíz con carne
de res o de puerco, tradicionalmente hechos con manteca
de puerco, se comen acompañados con salsa picante) es la
causante principal de este problema. La gastritis se manifiesta
con dolor y ardor en la "boca" del estómago o en la parte
central del abdomen superior. En el mundo entero el café la
causa primaria.

La colitis es la inflamación de la mucosa del colon, la
pared interna del intestino grueso. Es causada por lo mismo
que la gastritis. Otra causa de gastritis y colitis es la toma

de medicamentos de patente. Muchos de ellos tienen como base un compuesto que contiene HCl, ácido clorhídrico. Para sorpresa de muchos, es el mismo compuesto del que está hecho el ácido muriático con el que limpian las tasas de los baños y los lavaderos de manos y vasijas. Es muy común que personas que toman muchos medicamentos se provoquen gastritis y colitis medicamentosa.

El *reflujo* gástrico es un problema de salud que se caracteriza por que el jugo gástrico del estómago y a veces el contenido alimenticio suben del estómago al esófago provocando molestias de irritación esofágica o *esofagitis por reflujo*. La causa primaria de este problema es la ingesta de alimentos industrializados, ácidos e irritantes que por irritación y por deficiencia de nutrientes permiten que el esfínter hiatal (esófago-gástrico) se relaje y no cierre correctamente permitiendo que pasen los ácidos gástricos hacia arriba e irriten el esófago. La persona siente una sensación quemante en el pecho. Esta misma condición es la que luego de relajar aún más el esfínter provoca la formación de una bolsita en la parte baja del esófago, formando un saco o dilatación que se le conoce como *hernia hiatal.*

El *estreñimiento o constipación* es una condición muy común en nuestra sociedad de consumo de alimentos industrializados. Se caracteriza por una disminución en la frecuencia de evacuaciones o defecaciones diarias. Estar estreñido es no evacuar del colon regular y periódicamente. Para muchas personas es normal evacuar una vez por día. Lo natural es evacuar cada vez que ingerimos alimento. Tal y como lo hacen los bebitos, apenas si comen y ya están defecando, la mayoría de ellos ni siquiera terminan de comer cuando ya están defecando. Si tú comes tres veces por día, lo natural seria defecar tres veces por día. La causa principal del estreñimiento es el comer alimentos industrializados, poca fibra vegetal y tomar poca agua alcalina en la dieta.

Los *tratamientos convencionales* utilizan antiácidos como medida paliativa, estos solo calman los síntomas y no van a la causa del problema. Lo más reciente es que te dan antibióticos para matar la bacteria **Elicobacter pylori**. En mi experiencia la bacteria es solo el fruto de la verdadera causa y no la causa misma. Esta bacteria vive normalmente en el estómago así como la *E. coli* vive normalmente en el colon. Son parte de nuestra flora intestinal. SI a la bacteria le das azúcar todos los días, esta se reproduce en grandes cantidades pero no es la causa de tu gastritis, la causa de tu gastritis es el azúcar que es ácido y toda la serie de alimentos industrializados mencionados en la lista negra de alimentos que enferman.

No te engañes, si quieres restaurar tu salud y corregir la gastritis en forma permanente y duradera, entonces tienes que cambiar drásticamente tus malos hábitos alimenticios por otros hábitos, buenos y naturales. Sigue el Plan Alimentario Naturista General y para resultados más rápidos practica el Menú del Plan Alimentario Desintoxicante y Reductivo un par de veces por mes hasta que restaures tu salud.

He aquí *mis sugerencias* que te ayudarían a restaurar tu bienestar y tu salud por problemas de gastritis, colitis y estreñimiento:

1. Elimina de tu dieta todos los alimentos que aparecen en mi lista negra de alimentos tóxicos que enferman (Cap. 17. Herramienta No 1).

2. Para un alivio rápido de tu gastritis y todas sus secuelas inicia con el Menú número 3 del Plan Alimenticio Desintoxicante y Reductivo de 7 días. (Cap. 17. Herramienta No 6).

3. Prepara un té con un extracto de Tajín y Cempoala. Lo tomas tres veces por día, de preferencia después de los alimentos. Son extractos hidroalcohólicos, se preparan en agua recién hervida y se reposa hasta enfriar tomándose después de alimentos, lunes a viernes. El Tajín también se consigue en té.

4. Para aliviar el estreñimiento, come alimentos ricos en fibra vegetal y toma un litro de agua alcalina o de manantial, una hora antes del desayuno y otro litro más durante el resto del día. Si el vientre esta abultado toma el segundo litro completo a media tarde.

5. Para ayudarse en caso de parasitosis puede utilizar el Cholula. También sirven el Quetzalcóatl y el Coatl.

En la primera semana obtendrás resultados muy buenos con el menú 3. La segunda semana puedes hacer el menú 4 y la tercera semana retornas al menú 3. Al terminar esa tercera semana, tu salud y bienestar se habrán mejorado en más del 50%. Si la gastritis es leve, es posible que se restaure en la primera semana, si es moderada, espera tres semanas, pero si la gastritis es crónica y severa entonces sigue este régimen por tres meses.

Una vez restaurada tu salud sigue las reglas del Plan Alimenticio Naturista General, eliminando para siempre los alimentos de la lista negra de tu dieta e incluyendo los de la lista blanca, así te mantendrás sano y libre de gastritis y colitis el resto de tu vida. Al menos esa es mi experiencia.

De las recaídas y la falta de amor propio.

Debo de admitir que en mi vida profesional, lo que más ha chocado con mi espíritu es el conocer personas enfermas que se restauran totalmente con mi dieta y mis formulas herbales y lo que es frustrante es que esas personas, una vez sanas, *vuelven a los malos hábitos y se vuelven a enfermar*. No sé si pensar si somos masoquistas o si somos necios. Pero muy en el fondo, la realidad es que son personas que *les falta amor propio*, no se aman a sí mismos y lo más seguro es que les falta capacidad para amar a los demás a plenitud. Como dijo Jesús: "ama a tu prójimo *como a ti mismo*". No puedes dar amor al prójimo (al próximo o a quienes se encuentran cerca de ti) si no lo tienes para ti mismo. Es decir, no puedes dar lo que no tienes. Empieza por quererte a ti mismo, desea y escoge estar sano, de ese modo te podrás gozar de la relación con tu pareja, con tus hijos, nietos y bisnietos.

Morir antes de tiempo.

He estado brindando conferencias en varios templos de México y de EUA acerca del diseño natural del Dios para la salud del hombre y un pastor en particular, Armando Castillo de Nuevo Laredo Tamaulipas mencionó en su prédica, antes de mi conferencia, que en su Comunidad Cristiana habían esposas sin sus maridos, hijos sin sus padres y nietos sin sus abuelos. Todos ellos murieron jóvenes, antes de su tiempo, por no cuidar de su salud y su alimentación. El pastor mencionó que él no creía y, estaba seguro, que ese fuera el plan de Dios para nosotros e invitó a la comunidad para que escucharan mi conferencia, que aprendieran a cuidar sus cuerpos, que son el templo del espíritu santo para así cumplir la misión que Dios nos ha dado en esta vida.

2. COMO AYUDARSE A SI MISMO A RESTAURARSE DE LA DIABETES Y ALGUNAS DE SUS SECUELAS.

1. Hacer al pie de la letra el Plan Alimenticio Naturista General, eliminando la lista negra de alimentos e incorporando la lista blanca a su dieta. Ayudarse con los menús del 1 al 4.

2. Limpiar el colon, tomando un litro de agua alcalina en ayunas, una hora antes del desayuno.

3. Tomar AZLAN, VITA CAN, COPAN Y CHOLULA, Formulas exclusivas del Dr. Salinas.

4. Usar miel de agave (maguey) o estevia para endulzar.

5. Una vez restaurada su salud llevar a cabo el Plan Alimenticio Naturista General de por vida.

3. COMO AYUDARSE A SI MISMO A RESTAURARSE DEL SOBREPESO Y LA OBESIDAD.

1. Hacer el Plan Alimenticio Naturista General y los menús del 1 al 4. Repetir el menú número tres dos veces por mes, alternándolo con el menú número 4 por tres meses.

2. Limpiar el colon, tomando un litro de agua alcalina en ayunas, una hora antes del desayuno. En obesidad extrema o con vientre muy abultado, tomar otro litro de agua a media tarde. EL agua se toma lo más rápido posible. No funciona si se toma lentamente.

3. Tomar las formulas exclusivas de AZTLÁN, SAYIL, PALENQUE, RIO BEC, VITACAN.

4. Una vez restaurada su salud hacer el Plan Alimenticio Naturista General de por vida.

4. COMO AYUDARSE A SI MISMO A RESTAURARSE DE LA ARTRITIS.

1. Hacer el Plan Alimenticio Naturista General y los menús del 1 al 4. Repetir el menú número tres dos veces por mes, alternándolo con el menú número 4 por tres meses.

2. Limpiar el colon, tomando un litro de agua alcalina en ayunas, una hora antes del desayuno.

3. Tomar las formulas exclusivas de MITLA, TIZOC Y ROMAGIL. VITACAN si hay deficiencias nutricionales.

4. Una vez restaurada su salud, hacer el Plan Alimenticio Naturista General de por vida.

5. COMO AYUDARSE A SI MISMO A RESTAURARSE DE LA ALTA PRESIÓN Y ENFERMEDADES DEL CORAZÓN.

1. Hacer el Plan Alimenticio Naturista General y los menús del 1 al 4. Repetir el menú número tres dos veces por mes, alternándolo con el menú número 4 por tres meses.

2. Limpiar el colon, tomando un litro de agua alcalina en ayunas, una hora antes del desayuno.

3. Tomar las formulas exclusivas de LA VENTA, OLMECA, AZTLÁN, VITA CAN, SAYIL, ATLANTE, ROMAGIL.

4. Una vez restaurada su salud hacer el Plan Alimenticio Naturista General de por vida.

6. COMO AYUDARSE A SI MISMO A RESTAURARSE DEL ASMA, SINUSITIS Y ALERGIAS RESPIRATORIAS

1. Hacer el Plan Alimenticio Naturista General y los menús del 1 al 4. Repetir el menú número tres dos veces por mes, alternándolo con el menú número 4 por tres meses.

2. Limpiar el colon, tomando un litro de agua alcalina en ayunas, una hora antes del desayuno.

3. Tomar las fórmulas exclusivas de TEOTIHUACAN, ROMAGIL, VITA CAN, AZTALN.

4. Una vez restaurado su salud, hacer el Plan Alimenticio Naturista General de por vida.

7. COMO AYUDARSE A SI MISMO A RESTAURARSE DE LA GRIPE, CATARRO, INFLUENZA, FIEBRE, AMIGDALITIS, VÓMITO, DIARREA y casi cualquier proceso infeccioso agudo:

1. Hacer la cura de limón (pág. 101) de un día por dos o tres días continuos.

2. SI el proceso persiste y es crónico, hacer la cura de limón un día de cada semana por siete semanas.

3. Hacer el Plan Alimenticio Naturista General e iniciar con el Menú número 3.

4. Limpiar el colon, tomando un litro de agua alcalina en ayunas, una hora antes del desayuno.

5. De acuerdo a cada infección, tomar las formulas FUEGO AZTECA si es bacteriana, ROMAGIL si es viral, CHOLULA si es parasitaria. Los dos primeros si hay fiebre. VITACAN, en todos los casos.

6. Una vez restaurado su salud, hacer el Plan Alimenticio Naturista General de por vida.

8. COMO AYUDARSE A SI MISMO A RESTAURARSE DEL INSOMNIO, LA ANSIEDAD Y LA DEPRESIÓN

1. Hacer el Plan Alimenticio Naturista General y los menús del 1 al 4. Repetir el menú número tres, dos veces por mes, alternándolo con el menú número 4 por tres meses.

2. Limpiar el colon, tomando un litro de agua alcalina en ayunas, una hora antes del desayuno.

3. Tomar las fórmulas exclusivas de CUICUILCO, AZTLÁN, TONAL (MUJER), VITA CAN, BECAN.

4. Cambiar todas las amalgamas de plata-mercurio de la boca y las porcelanas con metal por material no metálico (resinas y circonita respectivamente).

5. Retirar las muelas del juicio.

6. Una vez restaurada su salud hacer el Plan Alimenticio Naturista General de por vida.

9. COMO AYUDARSE A SI MISMO A RESTAURARSE DE LOS CÓLICOS MENSTRUALES, LA IRREGULARIDAD, LA INFERTILIDAD Y LA MENOPAUSIA.

1. Hacer el Plan Alimenticio Naturista General y los menús del 1 al 4. Repetir el menú número tres dos veces por mes, alternándolo con el menú número 4, por tres meses.

2. Limpiar el colon, tomando un litro de agua alcalina en ayunas una hora antes del desayuno.

3. Tomar las fórmulas exclusivas de TONAL, REGULATOR, TONALTZIN.

4. Varón con infertilidad: AZTLÁN, CHICHIMECA, VITA CAN.

5. Retirar metales de la boca y las muelas del juicio.

6. Una vez restaurado su salud, hacer el Plan Alimenticio Naturista General de por vida.

10. COMO AYUDARSE A RESTAURAR A SU NIÑO O NIÑA DEL DÉFICIT DE ATENCIÓN Y LA HIPERACTIVIDAD.

1. Hacer el Plan Alimenticio Naturista General y los menús del 1 al 4. Repetir el menú número tres dos veces por mes, alternándolo con el menú número 4 por tres meses.

2. Limpiar el colon, tomando de un cuarto a medio litro de agua alcalina en ayunas, una hora antes del desayuno.

3. Retirar metales de la boca.

4. Tomar las fórmulas exclusivas de CUICUILCO, AZTLÁN, VITACAN.

5. Una vez restaurada su salud, hacer el Plan Alimenticio Naturista General de por vida.

PLAN DE EJERCICIOS.

(Visite a su médico o entrenador personal para un plan personal se acuerdo a su estado de salud)

1. Caminar, trotar y correr de acuerdo a sus capacidades con la regla de oro de aumentar los niveles de ejercicio poco a poco y paulatinamente para aumentar sus capacidades físicas.

2. Nadar, bailar, practicar cualquier deporte.

3. Si no está acostumbrado a hacer ejercicio, inicie con 20 min de caminata diaria.

4. Aumente la caminata 10 minutos más cada semana hasta completar los 60 min.

5. En el minuto 50 inicie 3 a 5 minutos de trote ligero.

6. Aumente el trote cada semana 3 a 5 minutos más, hasta que este trotando del minuto 30 al 50. Camine los últimos 10 minutos.

7. Continúe así por tres meses: caminar 30, trotar 20 y caminar los últimos 10 minutos.

8. Luego empiece a correr del minuto 50 al 50. Aumente cada semana tres minutos y así hasta que camine 30, trote 10 y corra 10 minutos respectivamente. Los últimos 10 minutos se desacelera caminando.

9. Tres a seis meses después: calienta caminando 10 minutos, trota otros 10, corre 30 y se desacelera con los últimos 10 minutos y esto se hace 2 a 3 veces por semana. Esto es un ejercicio cardiovascular muy bueno para la salud y el bienestar.

10. Puede inscribirse en algún gimnasio de prestigio e iniciar un programa suave de levantamiento de peso para tonificar sus músculos e ir aumentándolo poco a poco para ir adquiriendo una condición física que le permita tener salud y bienestar.

RECREACIÓN Y ESPARCIMIENTO:

1. Descansar siempre uno o, de preferencia, dos días a la semana del trabajo.

2. Vacacionar por lo menos dos veces al año una semana completa.

3. Visitar museos, cines, teatros.

4. Conocer otras ciudades y culturas.

5. Jugar con los hijos o los nietos. Jugar con la pareja y los amigos juegos de mesa.

PAZ ESPIRITUAL:

1. Orar o meditar todos los días.

2. Dar gracias a Dios por la vida y todas sus bendiciones.

3. Conectarse con Dios en el espíritu y gozarlo.

4. Transmitir ese gozo y reflejar tu relación con el creador a través de tus obras.

GOZO SEXUAL:

1. Siempre que se pueda, tener relaciones sexuales con amor, calidad y frecuencia ayudan mucho a relajar el estrés y mejoran y aumentan la calidad y cantidad de vida. El primer libro que escribí siendo estudiante de medicina fue "Manual Ilustrado de Educación Sexual para estudiantes de medicina". Inédito aun.

Recursos:

Podrás obtener información sobre los aparatos y las formulas exclusivas del Dr. Silverio Salinas en: www.drsilveriosalinas. com.mx silveriosalinas5@gmail.com

En los EUA: KNC Nutrition Center, EL Monte CA. 91731. Tel 626 579 9128.

CAPÍTULO 22

Mini recetario de cocina saludable

Mi suegra, Carme Saldaña, se sanó de un cáncer de mama siguiendo los tres pasos de Limpiar, Nutrir y Reparar. En el transcurso aprendió la cocina vegetariana y ahora comparte con nosotros en este libro sus recetas más apreciadas por sus hijas, particularmente mi esposa Ana Claudia, sus yernos (incluyéndome) y sus nietos.

El secreto de la cocina vegetariana está en saber sustituir la fuente de proteína de animales con sangre (res, puerco, pollo. pavo, cordero, cabrito etc.) por *proteína de origen vegetal*, como la soja o soya, berenjenas, portobello, nueces, almendras y *proteína de origen animal* pero sin la pudrición de la sangre como el huevo orgánico, el pascado de escamas (salmón, mojarra o tilapia, huachinango, pargo, mero, trucha, robalo, bacalao, pámpano, basa y dorado entre otros.).

Mucha controversia hay sobre la soja o soya. Gran parte de los países industrializados producen una soya genéticamente modificada (GMO). Los horrores de que hablan los detractores de los productos GMO no parecen estar lejos de la realidad y es así que las personas que estamos consientes de que lo natural es lo bueno, ya no deseamos consumir productos GMO.

Aun si la soya es libre de GMO, hay que tomar en cuenta que es un frijol, una leguminosa y como todas las leguminosas, su contenido en proteína es muy alto y al consumirla en exceso, como todo frijol, producirá muchos gases e inflamación. Así que sugiero consumirla con moderación.

Otra observación sobre la soya ya texturizada y preparada como carne que se vende en los supermercados como carne de soya, jamón de soya, salchicha de soya, bolognia de soya, tocino de soya es que todas las marcas que he comprado (sin excepción) tienen extracto de levadura. Y la levadura es la segunda causa de envejecimiento prematuro. Es hongo en la sangre, cándida con todos sus síntomas que ya he mencionado antes. Solo el TOFU, que es el queso de soya, no presenta levadura. Al menos no está marcado en las etiquetas.

Si la soya te provoca muchos gases, puedes cambiar la receta sustituyendo la soya por salmón, tilapia, trucha, berenjenas, huevo orgánico, chayote o cualquier otro vegetal que este permitido en la lista blanca de alimentos que ayudarían a sanar.

Aquí las Recetas de cocina vegetariana de mi Suegra:

MENUDO DE TOFU
(fuente de proteína vegetal)

Ingredientes:

500 gr. de TOFU súper firme o extra firme
¼ de Cebolla
1 Diente chico de ajo
250 gr. de chile guajillo
1 pizca de orégano
2 Limones pequeños verdes
2 cucharadas de aceite de semilla de uva
Sal de mar al gusto

Preparación:

El tofu se corta en tiras rectangulares.

El chile se lava y se pone a remojar. Se sazona la cebolla a que quede transparente y se agrega el diente de ajo. Se procede a moler o licuar la cebolla y el ajo, junto con el chile remojado. La mezcla se sazona en aceite de semilla de uva, se le agrega sal al gusto, una pizca de orégano y las tiras fileteadas del tofu. Se deja hervir por 10 minutos.

Se sirve caliente y se puede acompañar con limón, cebolla y rábanos picados, y tostadas.

Sirve para 4 porciones

CHILES RELLENOS DE PICADILLO de soya (fuente de proteína vegetal).

Ingredientes:

4 piezas de chile poblano
½ kilo de jitomate
1 Diente chico de ajo
¼ de cebolla
1 Huevo
Aceite de semilla de uva
Sal de mar al gusto

Relleno:

100 gr. de carne de soya deshidratada
¼ de cebolla
1 Diente chico de ajo
1 Zanahoria

1 Papa
1 Chayote
100 gr. de Chícharo
50 gr. de Almendras
10 gr. de Pasitas

Preparación del Relleno:

Se pone a calentar un litro de agua con ajo y la mitad de la cebolla, se le agrega la carne de soya. Se deja hervir por 10 minutos. Se apaga y se deja reposar 15 minutos más. Posteriormente se enjuaga y se exprime.

En un sartén se pone aceite a calentar, se agrega la otra mitad de la cebolla picada y el ajo picado, se acitrona. Se agregan las verduras picadas en el siguiente orden: chicharos, papa, chayote, zanahoria, almendras (remojadas y peladas) y pasitas. Se dejan en cocción por 8 minutos y posteriormente se agrega la carne y se deja otros 10 minutos más.

Preparación chiles:

Se asan los chiles, se pelan y se limpian de las semillas. Se procede a rellenarlos con el picadillo y se cierran con palillos. Se pueden hacer capeados o sin capear. Para capear los chiles, se bate la clara del huevo a punto de turrón, en este punto se agregan las yemas. Los chiles ya rellenos se espolvorean con harina integral y se pasan por el huevo. Se procede a freír en un sartén con el aceite ya caliente.

Se prepara la salsa de jitomate licuándolo con la cebolla, ajo y sal al gusto.

Se ponen en el sartén todos los chiles ya capeados y se vierte la salsa de jitomate, dejándolo hervir de 10 a 15 minutos.

Servir y se pueden acompañar con arroz blanco o frijoles de la olla de barro.

Sirve para 4 porciones.

CEVICHE DE COLIFLOR

Ingredientes:

1 Coliflor chica o mediana
½ Cebolla
8 Limones
1 cucharadita de bicarbonato
10 gotas de desinfectante
1 racimo de Cilantro
4 Jitomates
2 Chiles serranos verdes
1 Aguacate
1 paquete de Tostadas Deshidratadas
Sal de mar al gusto

Preparación:

Partir en trozos pequeños la coliflor, lavarla, enjuagarla. Se limpia de pesticidas en 1 litro de agua con ½ cucharita de bicarbonato, y se desinfecta con microdyn® por 10 minutos.

Se saca, se escurre y se pica muy finamente.

Ya picada se agrega el jugo de los limones y se deja reposar de 2 a 3 horas.

Después se agrega la cebolla, el jitomate, el cilantro, el chile verde y el aguacate picados finamente. Agregar sal al gusto.

Servir en tostadas y acompañar al gusto con salsa roja.

Este ceviche puede hacerse también de brócoli, carne de soya, calabaza cruda, pescado.

Sirve para 4 porciones.

POZOLE VERDE

Ingredientes:

½ paquete de tartaleta de soya (trozos enteros de carne de soya)
1 kilo de Maíz pozolero
1 Cebolla
4 Dientes chicos de ajo
1 trozo de apio u hojas de laurel
1 Chile poblano
1 Lechuga orejona
¼ de rábanos
4 Limones
1 Aguacate
4 cucharadas de aceite de semilla de uva
Orégano al gusto
Sal de mar al gusto

Preparación:

Se pone a cocer el maíz con una rebanada de cebolla y el diente de ajo.

La tartaleta se pone a hervir en agua con ajo y cebolla y un trozo de apio. Se deja hervir durante 15 minutos. Se apaga y se deja reposar otros 15 minutos. Se escurre, se enjuaga y se corta en trozos o rebanadas pequeñas.

En un sartén se vierte el aceite y se pone acitronar la cebolla y los dos dientes de ajo picados finamente. Se deja acitronar por 5 minutos y se vierte la carne para acitronarla por otros 10 minutos más.

La lechuga se lava y se desinfecta, al igual que el chile poblano por 8 minutos.

Licuar el chile poblano, 4 hojas de lechuga, con un poco de caldo de maíz, sal al gusto.

Cuando el maíz ya esté abierto se le vierte la mezcla licuada, la carne de soya y una cucharadita de orégano. Dejar hervir por 5 minutos más.

Se sirve con lechuga, rábanos, cebolla y aguacate picados, y el jugo de limón al gusto. Se puede acompañar con tostadas deshidratas.

Este pozole se puede hacer también rojo utilizando chile guajillo.

También puede sustituir el maíz por trigo o cebada perla y la carne de soya por champiñones o setas.

Sirve para 4 porciones

PAPAS AL CILANTRO

Ingredientes:

1 kilo de papas
1 taza de cilantro picado
1 taza de almendras
2 cucharadas de leche de soya
2 cucharadas de ajonjolí
Sal de mar al gusto

Preparación:

Poner a hervir un litro de agua con sal, agregar las papas partidas en cuadros gruesos de 1 cm. aproximadamente. No deben cocerse demasiado para que no se batan.

Licuar el cilantro, las almendras, la leche, el ajonjolí, la sal al gusto con un poco del agua donde se cocieron las papas.

Se vierte la mezcla en una cacerola, agregar las papas y se deja hervir por 5 minutos. Moverlas un poco para que no se peguen.

Servirlas con hamburguesas de carne de soya o con filetes de berenjena.

EPILOGO

primera edición: 15 de Noviembre, 2013.

Las bases de este libro las empecé a escribir en el año 2008 (hace 5 años). Inicié con dos manuales técnicos (sin publicar aun) sobre Limpieza y Nutrición hechos para entrenar terapeutas. En el 2009 decidí entrenar primeo al público en general y luego hacer escuela y entrenar terapeutas. Circunstancias especiales me orillaron a terminarlo y publicarlo a finales del 2013. Este libro es la base de todo mi sistema de ayuda natural para restaurarse casi de cualquier enfermedad. Es el resultado de 25 años de experiencia y más de 50 mil consejerías naturistas.

En tus manos tienes una herramienta poderosísima para ayudarte a ti mismo a sanar de tus propias enfermedades. Aprovéchala. Úsala. Practícala.

Por si aún no entendiste como ayudarte a ti mismo a sanar de casi cualquier enfermedad, te regalo en este epilogo, por último, los pasos que tienes que seguir para auto sanar, como un resumen muy compactado del contenido.

1. Cambia tu mente. De un no se puede a un si puedo.

2. Limpia tu boca. De metales, muelas del juicio y caries.

3. Limpia tu colon. De toda clase de suciedades y mantenlo limpio.

4. Limpia tu sangre y tu hígado. De toda clase de tóxicos.

5. Nútrelo correctamente. Con toda clase de alimentos naturales. Sin carnes ni alimentos industriales.

6. Repáralo con ayuda de suplementos naturales, campos magnéticos y otras técnicas bio energéticas.

7. Y sobre todo deléitate y goza en el proceso.

Bendecido! Dr. Silverio Javier Salinas Benavides.

AGRADECIMIENTOS

A Dios Padre, fuente de toda mi inspiración.

A *mi esposa* Ana Claudia Ortega Saldaña, quien participó en la búsqueda de las cifras estadísticas que aquí se presentan y ha colaborado en la elaboración de las diapositivas que utilizo durante mis conferencias sobre los temas "Adiós a las Enfermedades en tres pasos naturales: limpiar, nutrir y reparar", "Diseño natural de Dios para la salud del hombre" y "Relación causa y efecto entre los alimentos y las enfermedades".

A *mi suegra* Carmen Saldaña, quien habiéndose sanado de cáncer de mama con mi método de limpiar, nutrir y reparar, se ha comprometido fuertemente con el mantenimiento de su salud y su bienestar aprendiendo y practicando la cocina vegetariana. En este libro ella comparte algunas de sus recetas de cocina vegetariana en el capítulo de Mini recetario de cocina saludable. En su Centro de Bienestar Tikva, en Morelia Michoacán, ella comparte, junto a su esposo Marco Antonio Ortega, que sanó de alta presión e infartos al corazón, el conocimiento aprendido para decirle adiós al cáncer y a todas las enfermedades ayudando a otros a cambiar sus malos hábitos alimenticios por buenos y nutritivos, a limpiar sus cuerpos y a repararlos para restaurar su salud.

A mis pastores Walter y Raquel Koch por ayudarme a mantener mi fe y mi esperanza de cambiar, para bien, la salud de la humanidad y dirigirla hacia el plan original de Dios.

A Jonás Gonzales Jr., presidente de la cadena televisiva cristiana ENLACE, por brindarme la oportunidad de educar a millones de tele espectadores en todo el mundo.

A David Rodríguez, mi primer maestro de Medicina Tradicional China y Herbolaria Tradicional Mexicana.

REFERENCIAS
BIBLIOGRÁFICAS

1.- Dr. Joel Rodríguez. Saludymedicinas.com.mx,

2.- Zoocrates, Federación Mexicana de la Diabetes. Estadísticas y diabetes. Blog: Los números del miedo **miércoles 3 de enero de 2007.**

3. - LightBridge Healthcare Research, Inc - American Diabetes Association 1-800-DIABETES (1-800-342-2383) www.diabetes.org

4. - America's Healthcare System is the Third Leading Cause of Death. **Barbara Starfield, M.D. (2000) Journal of the** American Medical Association. Starfield, B. (2000, July 26). Is US health really the best in the world? Journal of the American Medical Association, 284(4), 483-485.

6.- Sarah Loughran, HealthGrades www.medicalnewstoday.com/articles/11856.php

7.- VISICU 217 E Redwood St; Suite 1900 Baltimore, MD 21202 www.visicu.mediaroom.com

8.- **Revista delSur - Red delTercer Mundo -ThirdWorld Network** Secretaría para América Latina: Jackson 1136,

Montevideo 11200, Uruguay Tel: (+598 2) 419 6192 / Fax: (+ 598 2) 411 9222 redtm@item.org.uy - www.redtercermundo.org.uy

9.- From Wikipedia, the free encyclopedia
   http://en.wikipedia.org/wiki/Oxigen

10.- http://en.wikipedia.org/wiki/Water#Health_and_pollution

11.- http://en.wikipedia.org/wiki/Water_metabolism

12.- http://en.wikipedia.org/wiki/Sunlight#Life_on_Earth

13.- http://en.wikipedia.org/wiki/Vitamin_D

14.- http://en.wikipedia.org/wiki/Calorie

15.- http://es.wikipedia.org/wiki/Miel

16.- http://es.wikipedia.org/wiki/Huevo_(alimento)

17.- http://es.wikipedia.org/wiki/Pescado#Valor_nutricional

18.- A. Roy Davis. Anatomy of Biomagnetism. Publicado por the Albert Roy Davis research laboratory. Jun 1974.

19.-   http://www.unionguanajuato.mx/articulo/2013/06/26/salud/las-10-principales-de-causas-de-muerte-en-mexico

20.-http://www.saludymedicinas.com.mx/centros-de-salud/diabetes/articulos/diabetes-primera-causa-de-muerte-en-mexico.html

21.- http://www.mexicomaxico.org/Voto/MortalidadCausas.htm

22.- http://www.unicef.org/mexico/spanish/17050.htm

23.- http://www.fmdiabetes.org/fmd/pag/diabetes_numeros.ph

NOTAS DEL LECTOR

www.ingramcontent.com/pod-product-compliance
Lightning Source LLC
Chambersburg PA
CBHW031832170526
45157CB00001B/278